电火花铣削加工关键技术研究

程 美 著

北京理工大学出版社
BEIJING INSTITUTE OF TECHNOLOGY PRESS

内 容 提 要

本书是电火花铣削加工技术专著，主要研究采用电火花铣削进行难加工材料的粗加工，以达到提高加工效率、降低加工成本的目的。本书主要分析了研究现状，开展了对现有铣削机床改造为电火花铣削机床的研究，对不同的工作介质进行了试验研究，并进行了电火花铣削加工工艺试验研究和电火花铣削加工电极损耗补偿研究，对相关研究所、工程技术人员的科研、生产、工艺技术改进有参考价值。

图书在版编目（CIP）数据

电火花铣削加工关键技术研究 / 程美著.--北京：北京理工大学出版社，2021.5

ISBN 978-7-5682-9225-2

Ⅰ.①电… Ⅱ.①程… Ⅲ.①电火花加工–生产工艺 Ⅳ.①TG661

中国版本图书馆CIP数据核字（2020）第222921号

出版发行 / 北京理工大学出版社有限责任公司
社　　址 / 北京市海淀区中关村南大街5号
邮　　编 / 100081
电　　话 / （010）68914775（总编室）
（010）82562903（教材售后服务热线）
（010）68944723（其他图书服务热线）
网　　址 / http://www.bitpress.com.cn
经　　销 / 全国各地新华书店
印　　刷 / 河北鑫彩博图印刷有限公司
开　　本 / 787毫米×1092毫米 1/16
印　　张 / 10
字　　数 / 208千字
版　　次 / 2021年5月第1版 2021年5月第1次印刷
定　　价 / 79.00元

责任编辑 / 高雪梅
文案编辑 / 高雪梅
责任校对 / 周瑞红
责任印制 / 李志强

前　言

在很多装备设计中，为保证零件的刚度、强度和稳定性，常采用难加工金属材料。为保证材料组织的稳定，零件毛坯设计比较大，导致加工中材料去除量比较大。目前主要是采用切削加工或电火花成形加工，存在成本高、效率低的问题。电火花铣削加工综合了数控切削加工和电火花成形加工的优势，由数控系统控制标准电极，按轨迹加工，解决切削加工中刀具磨损大的问题和电火花成形加工中电极制作难的问题，并且利于极间蚀除颗粒排出，有助于提高加工效率，但是加工过程复杂而难以有效控制。

编者依托湖南省自然科学基金项目——难加工航空零件的电火花铣削关键技术研究（2019JJ60069），对电火花铣削加工技术瓶颈开展研究，在分析研究现状和基础理论的基础上，针对加工机床改造、加工介质选择、加工工艺、电极损耗等关键性技术难题，开展了相关研究工作，公开发表论文5篇、申请专利3项。部分成果得到了生产转化，在生产实践中对提高效率和质量有较好的效果。

本书共分为5章，第1章为研究现状分析，第2～5章为关键技术研究。

第1章主要分析了电火花加工理论、电火花加工设备和电火花加工研究现状，重点分析了电火花铣削加工方法、蚀除过程、加工工作介质、电极损耗等研究现状，以及钛合金电火花加工研究现状。

第2章主要是在深入分析电火花铣削加工机理及特点的基础上，提出将现有的铣削机床改造为一台电火花铣削加工机床，设计了脉冲电源、数控系统、电极运动控制等模块，为后续的技术研究提供试验和加工平台。

第3章对煤油、水基乳化液、“蒸馏水+煤油”混合液三种不同介质对电火花加工特性的影响进行试验研究，以此探究加工介质选择，研究三种不同介质对加工效果的影响。

第4章对加工SKD11和钛合金TC4开展了工艺试验，研究了加工参数对材料去除率、表面粗糙度等性能的影响，对比分析了电火花铣削加工的特点，并针对电火花铣削高效粗加工，规划了难加工材料的粗精加工工艺流程。

第5章分析了电极材料及其损耗特性，研究了加工参数对电极损耗的影响，提出电火花铣削电极损耗补偿方法，设计不同加工条件下电极轴向损耗补偿策略，并对KG5碳化钨电极损耗开展试验研究。

在本书出版之际，衷心感谢湖南省科技厅、中国南方航空工业（集团）有限公司、湖南汽车工程职业学院等单位对相关研究课题的资助；感谢湖南科技大学、东莞市容大机械设备有限公司等单位在试验设备和技术方面的大力支持；对所有在课题研究过程中付出的团队成员，以及帮助过我的老师、同学、朋友表示深深的感谢。同时，本书参考了大量文献，对参考文献著作者一并表示诚挚的谢意！

由于编者水平有限，书中难免存在错误及疏漏之处，恳请广大读者批评指正。

作　者

目 录

第 1 章　研究现状分析

随着技术的进步和生产的需要，在各行各业的核心装备中，对制造的要求越来越高。电火花加工是将电极与工件连接在脉冲电源的正极和负极，靠极间放电产生的瞬间高温使工件材料迅速熔化，从而去除材料，属于典型的非接触加工方式。该技术具有材料适用范围广的特点[1]。

1.1 电火花加工理论研究现状

英国化学家 Joseph Priestly 于 1770 年发现了放电蚀除现象，成为电火花加工技术的理论基础[2]。1943 年，苏联拉扎林科(Lazarenko)夫妇成功研制了加工过程可控的电火花加工设备，在金属件上加工出小孔，成为电火花加工技术的诞生标志[3]。电火花加工技术发展非常快，应用也越来越广泛。近年来，在电火花加工基础理论研究领域，随着粒子模拟和分子动力学等新方法应用于放电过程微观的研究，放电间隙的物理过程和状态的研究取得了一些值得关注的成果。

亓利伟[4]等研究发现，在脉冲放电期间，带电粒子在放电通道中产生剧烈的振荡，即纵振分量和横振分量。横振分量使得放电通道产生了扭折，出现波动特性，使带电粒子密度最大点游动在放电区域内。Chen[5]等通过对电加工放电过程的分析，得到了关于加工速度和表面粗糙度的理论模型，得到的公式说明：加工速度与脉冲宽度和峰值电流成正比关系，与脉冲间隔成反比关系。Kunieda[6]等通过对单脉冲放电产生的凹坑进行观察得出：放电凹坑周围有很多较小的凹坑，据此推断是在单脉冲放电期间，由于阴极表面和内部材料的能量不同、凹坑底部和上缘的电场力不同，带电粒子在小范围内高速运动造成的。Singh[7]等通过大量试验研究得出：对于短脉冲(小于 5 μm)电火花加工，不再是通过熔化来去除材料，而是通过工件表面的静电力来去除。崔景芝、王振龙[8]通过对放电通道中等离子体柱的形状和放电通道中的电流进行仿真，得出其负极为喇叭口形，中部为腰鼓形。赵伟[9]等通过研究电火花放电通道中带电粒子的运动规律，得出放电通道中主要是电子在运动，即使在大脉宽条件下，放电通道中正离子的运动也远小于电子的运动的结论。

1.2 电火花加工设备研究现状

电火花加工在航空、航天、汽车、电子、模具、医疗器械等行业得到了广泛应用[10]。根据主要用途，可将当前国内市场的电火花加工机床分为多轴联动数控电火花成形加工机、多轴联动电火花精密小孔机、慢走丝电火花线切割机、微细电火花加工机、电火花穿孔机、往复走丝电火花线切割机及为特殊用途定制的机床等[11]。

1.2.1 三轴联动数控电火花成形加工机床

三轴联动数控电火花成形加工机床是技术最为成熟、市场份额最大的电火花成形加工设备，在航空、航天及模具行业得到广泛的应用。该类型机床通常配有专用数控系统，部分产品可通过选配旋转轴（C 轴）来实现四轴联动加工。目前，航空、航天领域具有较大深径比的槽与孔，以及对表面质量要求较高的零部件大多采用此类型机床加工。目前，国内市场上高端机型的主要国际厂商有瑞士 GF 阿奇夏米尔集团，日本的牧野（Makino）、沙迪克（Sodick）、三菱电机（Mitsubishi Electric）等。瑞士 GF 阿奇夏米尔集团生产的 FORM20/30 系列成形机配备了 GF 阿奇夏米尔的原装瑞士电源，凸显了在电源方面的技术优势，可加工最大尺寸为 800 mm×550 mm×265 mm、质量为 400 kg 的工件。FORM3000 是该公司目前在市场上销售的超精密数控电火花成形机床（图 1-1），搭载了具有 iQ 智能加工技术的电源模块，可在低电极损耗条件下实现高精度加工，最大工件尺寸为 1 200 mm×800 mm×350 mm，最大工件质量为 2 000 kg，该系列机床目前最优加工表面粗糙度为 0.1 μm。

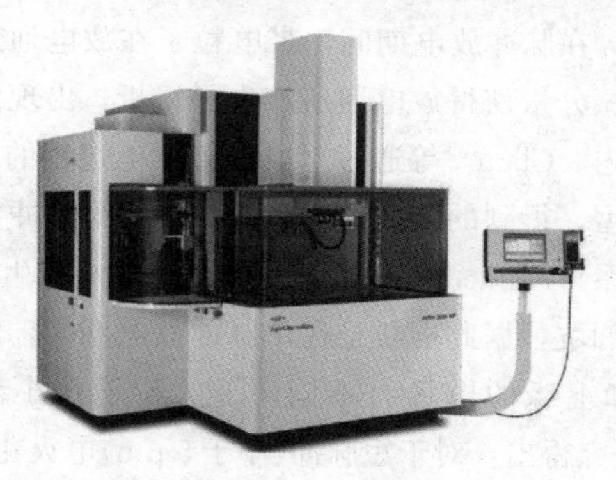

图 1-1 FORM3000 精密成形机

日本牧野公司的三轴电火花成形机主要有EDGE、EDAF、EDAC等系列。其加工精度按顺序依次提高。其中，EDAF系列采用高刚性构造，最大行程为450 mm×350 mm×350 mm，定位精度达±1 μm，并有面向航空、航天零部件加工的钛合金加工模块(图1-2)。

图1-2　EDAF3成形机

在电火花加工过程中，电极经常需要周期性地抬起或回退，以加强冲液效果，较高的抬刀速度可以使加工状态明显改善。由于直线电机具有响应快、速度高、定位精度好的优势，被日本沙迪克公司应用于AG系列电火花成形机。

日本三菱电机公司目前在中国市场销售的电火花成形机主流机型为EVAdvance系列，属于该公司的中高端产品。该系列机床配置高速低消耗V电源，并可选配混粉装置以实现大面积高表面质量加工(镜面加工)。

北京安德建奇数字设备有限公司开发的四轴全功能数控电火花成形机床AF1300配备了四刀叉自动电极交换装置，具有很高的自动化程度。机床特别提供了耐热高温合金、钛合金等特殊材料的工艺选择，可满足航空航天的相关加工需求。

另外，国内也有多家电火花成形机厂商生产三轴或四轴联动数控电火花机床，主要厂商有苏州中特(苏州电加工所)、北京迪蒙数控(北京电加工所)、苏州三光、北京凝华、苏州宝玛、上海汉霸、泰州三星、泰州江州、四川深扬、杭州华方、上海大量等，它们各具特色，形成了百花齐放的格局。

1.2.2　五轴联动数控电火花成形加工机床

三轴或四轴联动加工的电火花成形机可以满足绝大多数模具生产的需要，也可以用于航空航天和电子等行业中精密接插件的加工，但是对于具有复杂型腔或流道曲面特征的零部件而言，其加工能力就有很大的局限性。当前，为了提高航天发动机的使用效率和寿命，整体涡轮盘类零件正越来越多地被采用，此类零件目前主要加工手段为五轴联动电火花成形加工，并辅以专门设计的成形电极以特殊轨迹进行加工，因这种类型的电火花成形加工设备仍无法进口，所以，对五轴甚至六轴联动电火花加工机床的国产化提出了迫切需求。近年来，在国家“数控机床和基础装备”重大项目的支持下，以苏州电加工所、北京电加工所为代表的单位联合多所国内院校，经过一系列技术攻关，研制成功了五轴联动电火花加工机床，填补了国内空白，为我国航空航天制造业的发展提供了有力支持。

苏州电加工所推出的五轴数控电火花成形机D7132(图1-3)采用了自行设计的数控直驱式C轴和外置式旋转分度工作台，可以对包括钛合金、高温合金等特殊材料在内的所有导电材料、零件进行三维复杂形面高效、精密加工。

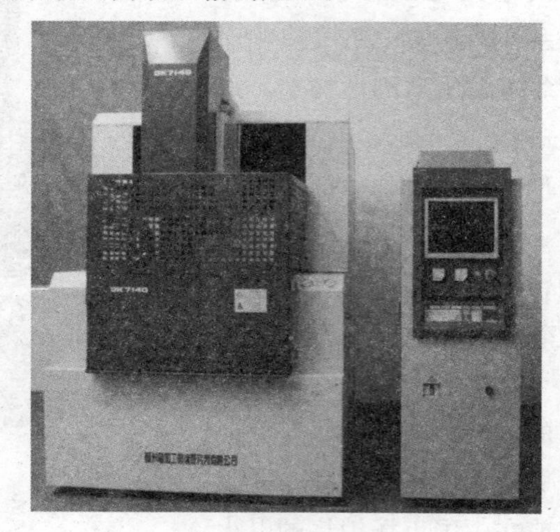

图 1-3　苏州电加工所推出的五轴数控电火花成形机 D7132

北京迪蒙数控技术有限责任公司研制的 N850 五轴联动精密数控电火花成形机采用了电火花加工数控系统与精度补偿技术、多种难加工材料电火花加工高效脉冲电源技术、自行设计的专用精密数控转轴(A 轴、C 轴)技术等先进技术，实现了钛基、镍基高温合金材质涡轮盘的加工。

上海汉霸与上海交通大学联合开发了国内首台六轴联动数控电火花加工机床，在 2014 年上海国际机床展和 2015 年中国国际工业博览会展上展出(图 1-4)。该机床突破了一系列关键技术，开发了配套的 CAD/CAM 软件和加工工艺，为制造闭式整体涡轮叶盘提供了一套全面的技术解决方案。

图 1-4　国产六轴电火花成形机及涡轮盘加工

1.2.3　多轴联动数控电火花小孔加工精密机床

在生产实践中，有大量的微小孔需要加工，其深径比通常大于 5 甚至达到 10 以上，并且质量要求高，不能留有毛刺，给传统加工提出了巨大的挑战。由于电火花加工属于热蚀除加工，不会形成毛刺，因此，相应的多轴联动数控精密电火花小孔机应运而生。电火花小孔机的生产企业很多，大多数小孔机的加工对象是喷嘴类零件，其他产品属于普通穿孔机，本书不再一一列举。

GF 阿奇夏米尔集团推出的 Drill 300 是一款专门针对航空、航天冷却孔的加工专用机床，具有 $X/Y/Z/W$ 四轴，可提供高温合金、钛合金、硬质合金及钢等多种材料的 EDM 钻孔工艺。

苏州电加工所还专门推出了航空航天专用小孔机 SE-WK007，可用于航空发动机、燃气轮机等特殊材料零部件空间位置复杂分布的群小孔的高速、高精度加工，可加工孔径范围一般为 $\phi0.3 \sim \phi3$ mm，深径比最大可达 300∶1。

1.2.4 微细电火花加工机床

产品小型化和微型化提出了对具有微尺度特征合金类零部件的加工需求，尽管现在精密电加工机床可以实现部分微细特征的加工，但加工尺度为数微米到数十微米特征时需要更低的脉冲能量(小于 10^{-6} J)，对机床的运动精度要求更高(μm 级)，而且需要具备电极在线制备、修整的功能以消除电极的安装定位误差影响。这就意味着必须采用专用的微细电火花加工机床。瑞士 Sarix 是以微细电火花加工机床为主要产品的机床商，其推出的 SX-100、SX-200 等系列机床具有 3D 电火花加工能力，并有铣削加工模块可供选择；可加工最小直径为 0.01 mm 的微孔，表面粗糙度最优可达 0.05 μm，定位精度可达±2 μm。

目前，国内厂商尚未推出商业化的微细电火花加工机床，微细电火花加工机床一般由高校、研究所根据需求自主研发。例如，哈尔滨工业大学、上海交通大学等科研机构均研发成功多轴联动微细电火花机床，并在航空、航天企业设备的生产中得到了成功应用。

1.2.5 电加工专用机床

绿色、高效是当前制造技术所共同面对的发展目标，国内的电加工装备研究机构也推出了一系列高效专用机床。东庆、汉霸等多个厂商均开发了双头电火花加工成形机，可用于大型燃机叶轮的高效加工。

蜂窝环是由薄金属片压制成蜂窝状的复杂构件，在航空发动机中起关键的密封作用，采用机械切削会引起变形而无法加工。苏州中特公司为飞机发动机制造企业研制了环形件内、外圆蜂窝环电火花磨削专用设备，加工质量和精度达到了用户要求(图 1-5)。

发动机的机匣、盘件、叶片等通常由钛合金、高温耐热合金等难切削材料制成，并且在加工中往往需要去除较大的余量，这是发动机制造中的“瓶颈”，对当前制造技术提出了严峻挑战。数控高效放电(电弧)加工技术为解决此类问题提供了有效途径。目前，国内外已有多家研究机构开展了相关的研究。美国 GE 公司已将电弧加工应用于实际型号的生产

图 1-5　蜂窝环数控高效电火花磨削专用设备

中[12]。国内的苏州电加工所推出了可进行四轴联动三维曲面加工的高效放电铣削加工机床，采用简单的铜管或钢管作电极，在电极和工件之间施加脉冲电源执行铣加工，效率远高于传统的电火花加工[13]。另外，国内的哈尔滨工业大学[14]、石油大学[15]等院校也开展了电弧放电铣的研究。上海交通大学发明了基于"流体动力断弧"的高速电弧电火花加工技术，不仅可以实现铣削加工，还可以实现成形电极的"沉入式"加工，在具有大栅距特征的叶盘类零件加工方面具有良好的应用前景[16]。

1.2.6　数控慢走丝电火花线切割机床

数控慢走丝电火花线切割机床是具有较高效率、加工精度和表面质量的精密加工设备，在航空、航天、模具、医疗器械等行业应用广泛。

CUT20/CUT200/CUT2000 是瑞士 GF 阿奇夏米尔集团推出的系列慢走丝线切割机，其中 CUT2000 是超精密机型。该机型装有第三代自动双线切换装置，可在一台机床上用不同直径的电极丝进行粗、精切割加工，精加工可采用的最小丝径为 0.03 mm；定位精度为亚微米量级，并可获得 0.04 μm 的纳米级表面粗糙度。

牧野公司的慢走丝线切割机床型号较多，有 U/UPJ/UPH/W 等多个系列，主要面向中小型模具的加工。其中，UPV3/UPV5 使用 SPGII 电源，采用油基工作液，可以硬质合金和金刚石(PCD)作刀片，最低表面粗糙度可达 0.022 μm。

日本三菱电机的慢走丝机床为 FA-S 系列，采用高速 V 电源，用直径为 0.25 mm 的电极丝可达 360 mm^2/min 的高效加工。

另外，国外慢走丝机床还有沙迪克的 AQ 系列产品。

外资品牌装备在精密加工电源、变厚度切割的自适应控制、自动穿丝系统及防断丝、机床变形控制等方面具有一定的优势。

近年来，在国家重点项目的支持下，国内慢走丝厂商的技术水平得到长足发展，装备水平和工艺能力显著提升，推出慢走丝线切割机床的厂商有苏州三光、苏州电加工所和北京安德数控三家，打破了国外的市场垄断，其中多项指标已达国际水平。苏州三光公司的慢走丝电火花线切割机床主要有冲水型(DK7632)及浸水型两种，具有自动穿丝功能。浸水型采用全闭环控制，加入了智能电源模块，在获得低粗糙度的同时，可保证高生产率和高精度，并可大大减少耗电量。

北京安德数控推出的AW310T是一种带自动穿丝装置的恒张力运丝机构、六轴数控坐标轴控制、纳秒级无电解脉冲电源、有机床温度场变化所带来精度影响的补偿控制机制的精密数控慢走丝线切割机床，具有多种材料及厚度的加工工艺参数库和智能专家系统，可以进行航空、航天发动机叶片、涡轮盘等零部件的加工(图1-6)。

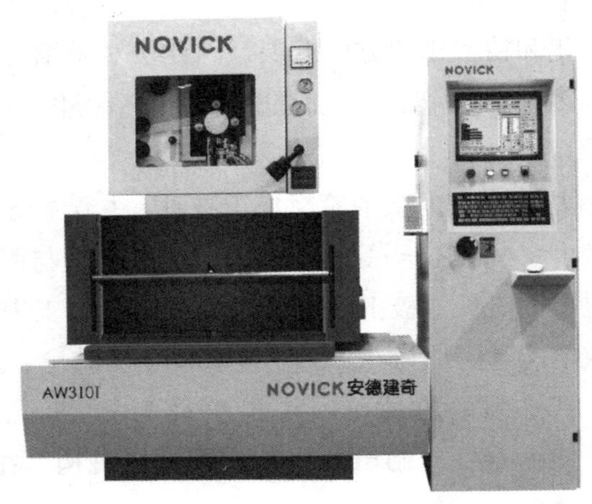

图1-6　AW310T慢走丝线切割机床

1.3 电火花加工工艺研究现状

电火花加工工艺的理论研究成果可以直接应用于实践，提高加工性能，取得良好的现实意义，因此，其一直是电火花研究的热门领域，也是取得显著成果的领域。

1.3.1 镜面电火花加工技术

镜面电火花加工是指加工表面粗糙度小于0.2 μm，加工完成后的表面呈镜面效果的电火花加工。其表面变质层厚度均匀，几乎没有裂纹，无须进行表面抛光，在精密模具及精密零件制造中受到高度重视[17]。镜面电火花加工技术是通过在工作液中添加导电性硅、铝等微细粉末，改变电火花放电状态，从而降低表面粗糙度。这种技术也称为混粉电火花加工技术，是目前的主要研究方向。

徐小兵[18]等首先提出了混粉镜面电火花加工，其理论迅速受到了世界各界的关注，被认为是电火花加工技术在21世纪的重要发展方向。赵福令[19]等在普通的煤油工作液中添加了粒度为5 μm的硅粉，在加工时，伴随着电极的转动，可以提高加工速度和加工质量。吕战竹[20]等分析研究了混粉电火花加工机理，得出放电通道对高温熔融金属的平整作用是加工表面粗糙度降低的主要原因。白雪[21]等阐述了混粉准干式电火花加工机理，并对单脉冲放电过程和加工间隙流场进行仿真研究，更深入地说明了其蚀除机理，为研究混粉准干式电火花加工技术，提供了一定的理论依据。

1.3.2 微细电火花加工技术

目前，产品朝着小型化和精密化的方向发展，因此，对微细化加工技术的要求越来越高，并涉及机械、电子等多种学科。随着产品的微细化和精密化，EDM也开始向微细、精密加工等方向发展。

王振龙[22]等提出了逐层扫描法的微细轮廓加工技术，并结合超声振动技术，显著提高了异型微孔加工速度和精度。裴景玉[23]等基于电火花放电机理与固体材料传热理论，结合工艺试验，研究了工具电极和工件电极上脉冲能量的分配及加工表面形貌和微能脉冲放电波形的关系，得出脉冲放电能量应保持在10^{-6} J量级以下的结论。赵万生[24]等在微细电火花加工机床上，采用分层铣削的方式，制作出直径为0.18 mm的人立体面部图像。Muttamara[25]等利用磁致伸缩器件研制出了蠕动式微进给机构，在微细加工技术中应用，大大提高了微小孔的加工效率。

1.3.3 高效低损电火花加工技术

电火花加工效率一直是电火花加工的重要指标参数。电极损耗对成形精度和加工质量有直接影响，是近几年研究的热点之一。

韩潇、朱荻[26]等通过在铸液中加入不同添加剂的方法，电铸制造工具电极。结果证明，在一定的电流密度和温度下，加入Cl^-和某苯基添加剂电铸形成铜电极的耐蚀性显著增强。张云[27]等采用较大的峰值电压、峰值电流和较小的脉冲宽度来加工硬质合金，在提高加工速度的同时，减少了表面微观裂纹及电极损耗。

1.3.4 基于电火花表面改性技术

电火花表面改性技术可以提高工件材料的综合性能，降低产品制造成本。电火花液中放电表面改性处理利用火花放电时产生的能量，将一种材料涂覆或者渗透到另一种材料表面，形成合金化表面涂层，从而改善工件的表面性能。

方宇、赵万生[28]等采用TiC-Co半烧结体电极和普通煤油工作液，在工件表面形成一层硬质陶瓷层，通过扫描电镜、电子探针、X射线衍射分析、摩擦磨损等试验对其进行分析，结果表明，电火花表面改性技术效果良好，发展潜力很大。张守魁等研究了纯硅电极火花放电对 45 号钢表面的改性处理，结果表明，试样加工后表面形成一层含硅量超过 16％的合金层，极大地提高了耐腐蚀性。

1.4 电火花铣削加工研究现状

在很多装备设计中，为保证零件的刚度、强度和稳定性，常采用难加工金属材料。为保证材料组织的稳定，零件毛坯设计比较大，导致加工中材料去除量比较大。目前主要采用切削加工或电火花成形加工，两种加工方法都存在成本高、效率低的问题。电火花铣削加工综合了数控切削加工和电火花成形加工的优势，由数控系统控制标准电极，按轨迹加工，解决切削加工中刀具磨损大的问题和电火花成形加工中电极制作难的问题，并且利于极间蚀除颗粒排出，有助于提高加工效率，但是加工过程复杂且难以有效控制。20 世纪 80 年代初，日本学者提出电火花铣削加工技术后，国内外研究人员从加工设备、加工方法、电火花蚀除过程、工作介质、电极损耗、加工工艺等不同角度开展了研究，使电火花铣削加工技术逐渐完善。

1.4.1 电火花铣削加工方法研究

日本 Kunieda 等[29]于 1997 年开始研究气中电火花铣削，如图 1-7 所示为气中高速放电铣削加工。试验发现，利用高压氧气将废屑“吹出”放电间隙，能减小电极损耗、提高材料去除率。但是，由于气体导热率低，该方法冷却效果不佳。美国 Albert Shih 等[30]对准干式放电铣削加工开展了研究，采用准干式放电铣削加工设备(图 1-8)，采用煤油与空气混合介质加工，材料去除率高，但是容易发生火灾。澳大利亚 Ding 等[31]对电极运动路径开展研究(图 1-9)，采用电火花铣削加工出高质量的涡轮叶片，较好地解决了复杂曲面加工效果不佳的问题，但是加工效率不高。

图 1-7　气中高速放电铣削加工

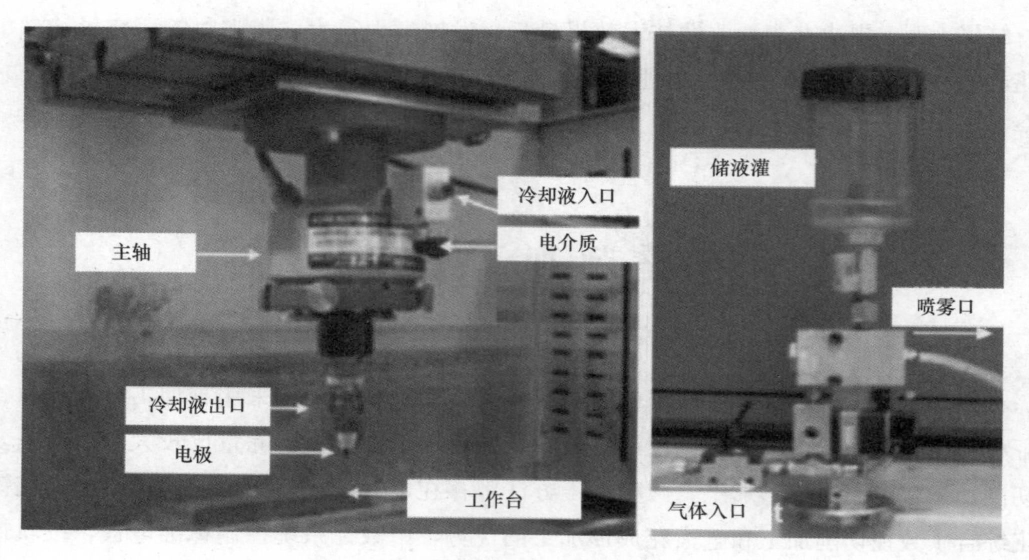

图 1-8 准干式放电铣削加工设备

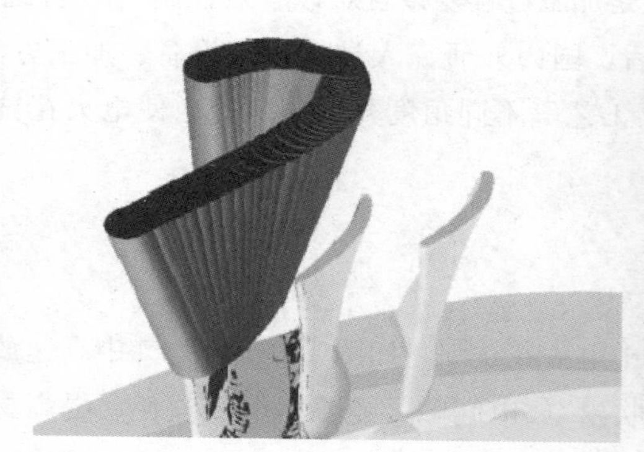

图 1-9 放电铣削轨迹规划所加工涡轮叶片

国内，刘志东等[32]针对难加工材料加工，采用电火花诱导烧蚀加工设备(图 1-10)开展电火花诱导烧蚀加工研究，采用氧气作为工作介质，材料蚀除效率明显提高，但是容易引发金属自燃。黄河[33]研发了内冲液旋转电极的电火花铣削机床，采用的电极小，电流仅为几十安培，对小型腔的电火花铣削加工效果较好，但是不适合大体积材料去除加工。韩福柱等[34]研发了移动电弧放电铣削加工设备(图 1-11)，采用直流电源开展了直流电源放电铣削加工研究，大大降低了电极损耗，但是电流较小，加工效率不高。刘永

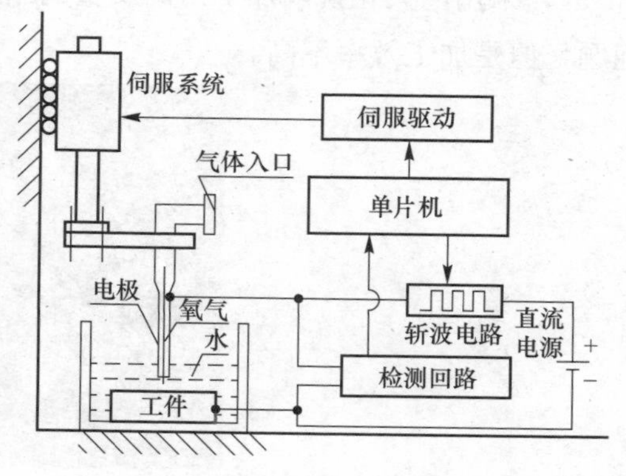

图 1-10 电火花诱导烧蚀加工设备结构图

红等[35]研究了电火花铣削与电弧放电的复合加工，采用电火花铣削与电弧放电相复合加工设备(图 1-12)，提高了电火花加工效率，但是加工的工件表面比较粗糙(图 1-13)。

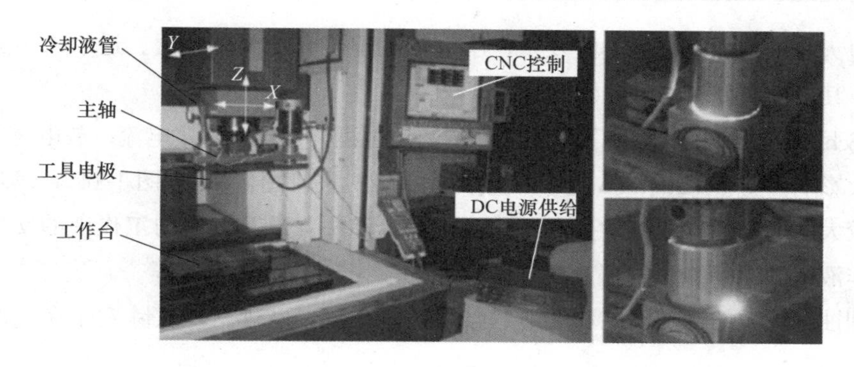

图 1-11　移动电弧放电铣削加工设备及其放电效果

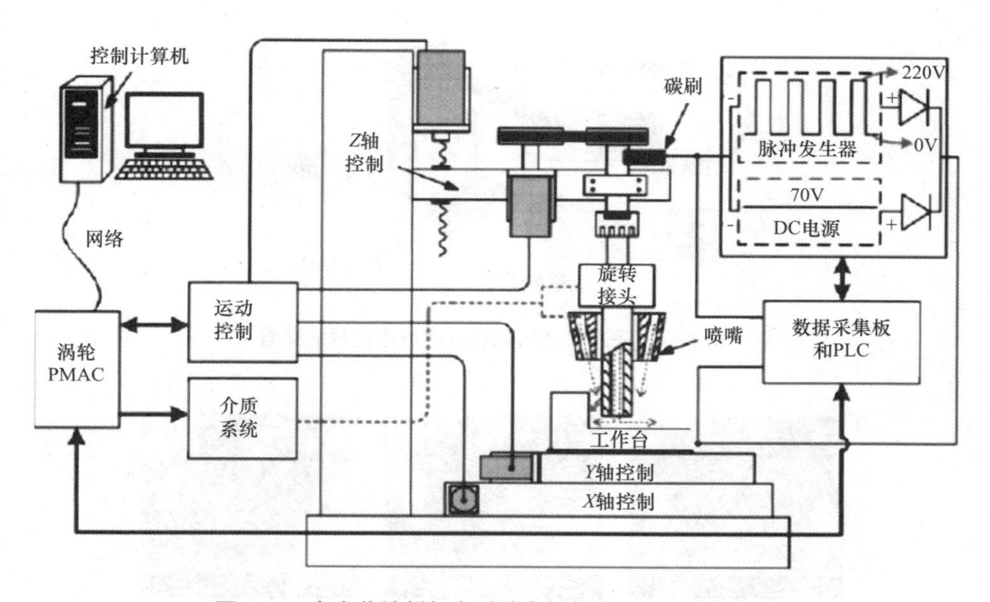

图 1-12　电火花铣削与电弧放电相复合加工设备结构图

图 1-13　电火花铣削与电弧放电相复合加工样件

1.4.2 电火花蚀除过程研究

因为电火花铣削加工过程非常复杂，所以其机理研究进展较缓慢。近年来，随着检测技术的发展，其机理研究取得了较好的成效。

德国 Schulze 等[36]较早研究了极间气泡的运动过程，发现间隙、电流、放电时间都对气泡扩张有较大影响。日本 Kitamura 等[37]使用高速摄像机进行图像采集(图 1-14)，发现火花放电的位置有较大的随机性，可能发生在工作液中、气泡中，以及气泡与工作液的交界处，其中发生在工作液中的概率约为 51%、气泡中约为 6%。日本 Hayakawa 等[38]研究了电火花蚀除过程，观察到蚀除颗粒的运动轨迹和气泡的收缩扩张现象，发现材料去除发生在气泡扩张压力变化时(图 1-15)。

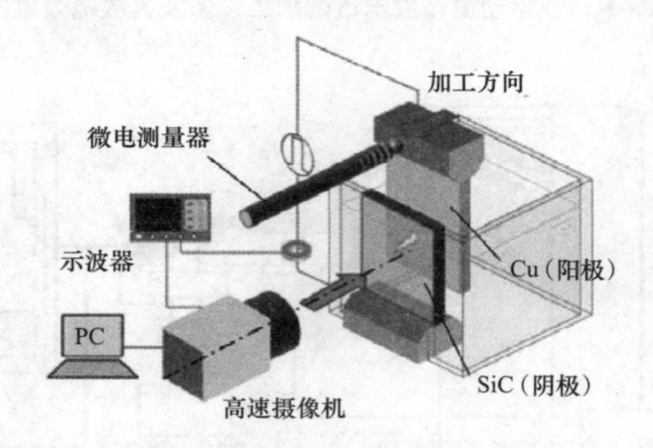

图 1-14　采用高速摄像机观察放电过程的装置

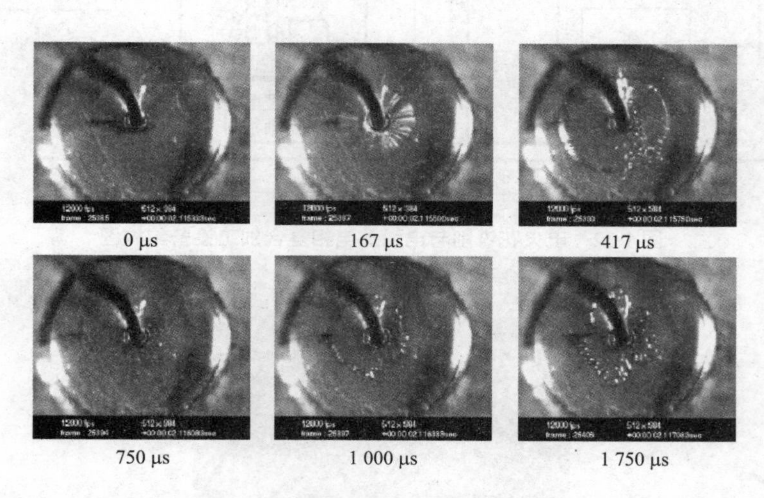

图 1-15　放电过程中气泡变化过程

国内学者对电火花蚀除也开展了一系列研究，取得了较好的成效。韩福柱等[39]研究了蚀除颗粒和气泡的运动过程，结果表明气泡扩张是蚀除的主要因素。刘永红等[40]开展了热力学仿真试验，研究表明，极间距离影响电极表面凹坑的形成，工作液不同会使加工表面凹坑形貌产生明显的区别。杨晓冬等[41]对电火花放电过程进行了分子动力学的仿真，发现功率密度对材料蚀除影响较大，功率密度较高时，是以整体的形式被去除。

1.4.3 电火花加工工作介质研究

工作介质对电火花铣削加工影响非常大，油基工作液具有绝缘性较好、加工较稳定、表面质量较好等优势，常使用煤油作为电火花加工工作介质，但受高温热分解会产生危害气体。

德国 Leão F N 等[42]学者在 2004 年以蒸馏水为介质，开展钛合金加工试验，发现能够降低电极损耗，提高加工效率。美国 Ndaliman 等[43]采用煤油、去离子水作为工作介质，开展对比试验，发现去离子水作为工作液有利于降低工件表面的硬度和粗糙度。日本 Nguyen 等[44]研究电火花铣削加工，认为以水作为工作介质能够减少放电产生的凹坑及热影响层，提高表面质量和加工精度。美国 Min 等[45]通过将导电颗粒加入煤油工作液中，改善油基工作液性能，改善表面质量和加工效率，降低热分解导致的污染问题。

国内山东大学、中国石油大学等研究团队开展了电火花加工工作介质研究。山东大学苏树朋[46]以高压气体作为介质，蚀除颗粒能由高压氧气吹出，加工效率明显提高，但是加工表面质量较低。中国石油大学刘永红等[47]将加入氧气的水基乳化液作为工作介质开展电火花铣削加工试验，发现其比单纯的水基乳化液作为介质的加工效果好。

1.4.4 电火花加工电极损耗研究

在电火花加工中，电极损耗是难以避免的问题，导致加工尺寸精度降低。因此，常通过预测损耗量，采用补偿的方法来解决电极损耗的问题。但是，电极损耗的影响因素复杂，其损耗量很难精确计算，为此，国内外学者对此开展了一系列研究。

日本 Kunieda 等[48]研究发现，加工初期电极径向损耗比较严重，轴向损耗则随着时间逐渐变大，放电时间延长，电极表面沉积一层较厚的碳膜，有效阻止了电极的损耗。土耳其 Caydas 等[49]以石墨、铜和铝作为工具电极进行对比试验，发现石墨电极的损耗最小。英国 Popov 等[50]研究建立了电极损耗模型。日本 Roehner(2008)等[51]用渗硼 CVD 金刚石作为电极进行微细电火花加工试验，发现能较好地减小电极损耗。美国 Yang(2010)等[52]研究提出离线预测补偿和基于在线检测的两种电极损耗补偿策略。

国内部分学者针对电极损耗问题开展了材料选择、补偿模型等方面的研究。余祖元等[53]开展了线性补偿法与等损耗法相结合的研究，提高了加工质量。四川大学殷国富等[54]基于遗传算法采用神经网络建立了电极损耗预测模型，预测误差可达 14%。南京航空航天大学朱荻等[55]研究指出，从焦磷酸盐中所得的铜比从硫酸盐中所得的铜用于电极时，抗损耗性能更优越。

1.5 钛合金电火花加工研究现状

高温合金和钛合金由于性能优越，被广泛应用于航空、航天领域，但由于其切削加工性较差，是典型的难加工材料，在一定程度上限制了其应用。钼钛锆合金和镍基合金是广泛使用的高温合金，具有耐高温、蠕变强度高、热膨胀系数低和导热系数高的特点[56]。由于钼钛锆合金中含有少量 Ti 和 Zr 元素，合金被强化和韧化，延展率和线性膨胀系数均变小，加工出的零件表面质量差且刀具磨损严重[57]。

镍基合金由于其良好的抗拉性能、耐腐蚀性能和抗氧化性能已广泛应用于各种高温部件，如燃烧室机匣等部件[58]。但由于其高温强度优异、导热性差、加工硬化等现象严重，在加工过程中不仅刀具磨损严重，而且工件表面质量较差[59]。

钛合金因强度高、耐腐蚀性好等优异性能[60]，被广泛应用于飞机的大梁隔框等结构框架件的制造，以及飞机发动机的发动机罩、压气机段、排气装置等零件的制造。但由于其比热小，机械加工时温度上升快，急剧加速了刀具的磨损，使用寿命降低，而且容易产生崩刃现象[61]。

电火花加工是利用工具电极与工件之间的脉冲电火花加工材料的，在加工过程中工具电极和工件不直接接触，几乎不产生切削力。由于电火花加工不受工件硬度和强度等影响，因此可以加工任何导电金属材料。鉴于上述优异性能，电火花加工技术在钛合金和高温合金加工中的研究具有重要的意义。

本节将从电火花成形加工、电火花线切割加工、电火花表面强化加工、微细电火花加工和电火花铣削加工五个方面综述其在高温合金和钛合金加工中的研究新进展。

1.5.1 钛合金的电火花成形加工

电火花成形加工是利用火花放电腐蚀金属的原理，使用工具电极对工件进行复制加工的工艺方法。由于材料的可加工性主要取决于材料的热学性，如熔点、沸点、比热容、导热系数等，而对材料的机械性能没有要求，故而电火花成形加工技术成为解决高温合金和钛合金加工问题的有效方法。但由于钛合金与高温合金导热系数小的特点，在电火花加工过程中，金属还没完全熔化就被抛出和凝固，造成加工状态不稳定，易出现积炭拉弧现象，使加工效率变低、电极损耗变大，导致表面质量差。国内外学者对电火花加工高温合金和钛合金时的表面质量、材料去除率和工具损耗率等开展了诸多研究。

1. 电极材料研究

强华[62]用铜钨合金电极对 TC4 工件进行了电火花加工试验，发现随着峰值电流的增大和脉冲间隔的减小，加工速度变大；电极损耗随峰值电流和脉冲间隔的增大而增大并且随脉宽的减小而增大。精规准加工时，脉宽宜选用 10～30 μs，脉冲间隔宜选用 20～50 μs，峰值电流为 1～3 A。Kumar 等[63]在数控电火花加工机床上分别用铜、铜铬合金和铜钨合金作为工具电极浸液加工了三种不同等级的钛合金材料，即钛合金、Ti-5Al-2.5Sn 钛合金和 Ti-6Al-4V 钛合金。使用田口法进行试验，确定了表面粗糙度最小的最佳组合参数，并设计和训练神经网络对加工表面粗糙度进行预测。研究表明，峰值电流是最大的影响因素，其他依次是脉冲持续时间、脉冲间隔时间和工件材料，高放电能量引起的表面缺陷包括裂缝、凹坑、重铸层、微孔隙、针眼、残余应力和碎屑。朱颖谋等[64]用 ϕ5 mm 的石墨棒状电极加工钼钛锆高温合金，采用浸液加工，并使用 DOE 方法设计了析因试验和响应曲面试验。分析得出，材料去除率受峰值电流影响最为明显，并和脉宽与占空比成一定的交互关系。而电极相对损耗率受峰值电流影响不明显，但受脉宽和占空比影响较大。

2. 工作液研究

Priyadarshini 等[65]使用铜电极正极性加工 Ti-6Al-4V 钛合金，采用 1∶1 配合比的石蜡油与 30 火花机专用油作为工作液，基于田口法设计了 L25 试验来研究用铜电极电火花加工钛合金时的材料去除率、刀具磨损率和表面粗糙度值，并采用灰关联分析优化了电火花加工的参数，使其达到预期的加工效果，最后获得最大材料去除率、最小工具损耗率和表面粗糙度值的最优电火花加工参数为电流 10 A、脉宽 10 μs、占空比 9、电压 8 V。此时，加工效率为 1.324 mm^3/min，电极损耗为 0.327 1 mg/min，加工表面粗糙度为 0.986 μm。薛荣媛等[66]为了解决钛合金在蒸馏水介质中加工表面较差和以煤油为介质时加工效率低的问题，提出了利用乳化剂将煤油和蒸馏水超声震动后形成水包油型乳化液作为加工介质的方法。其分别以蒸馏水、煤油和水包油型乳化液三种介质对 TC4 进行加工试验，发现水包油型乳化液的加工效率低于蒸馏水而高于煤油，如图 1-16 所示。其加工表面的粗糙度值比在蒸馏水中减小了约 20%，表面微裂纹比蒸馏水中的少，表面平整度高，加工表面的电镜照片如图 1-17 所示。奚艳莹等[67]提出一种基于密度平衡的水包油型工作液，该工作液以去离子水为主要成分，内部分散煤油液滴，煤油液滴中包含粉末颗粒，煤油液滴与粉末颗粒的平均密度与去离子水近似，故可在去离子水中悬浮。该新型工作液绿色化程度、安全性高，可有效结合去离子水、煤油与混粉的优势，并避免其缺点。

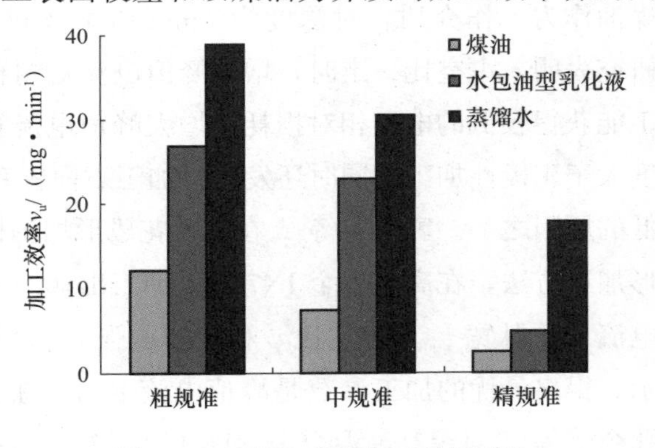

图 1-16　不同工作液加工效率对比

3. 电火花钻孔加工

电火花钻孔是电火花成形加工的一种方法，已广泛应用于电火花线切割加工用的穿丝

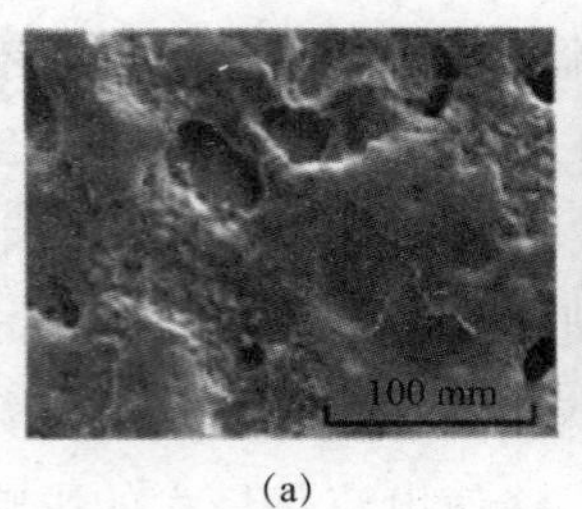

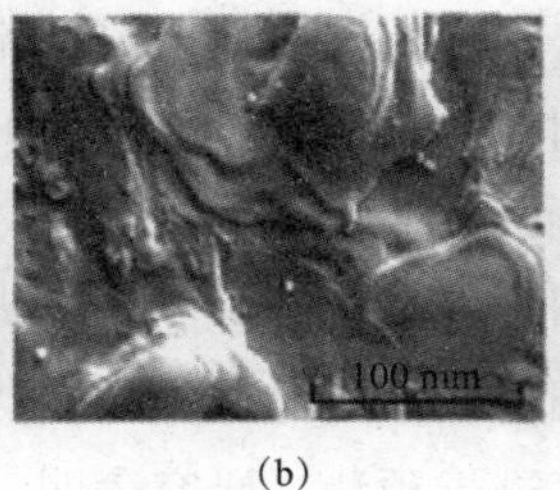

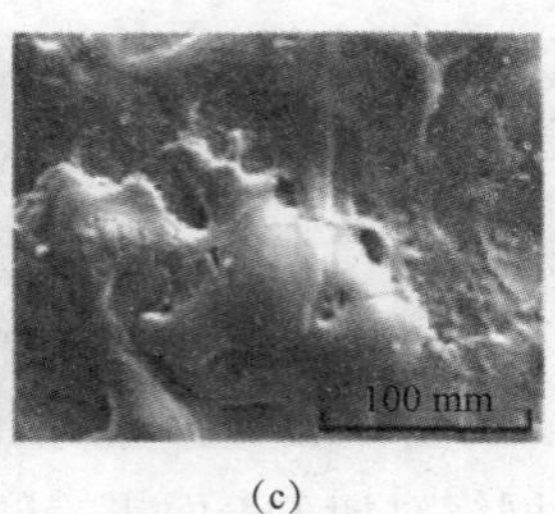

(a)　　(b)　　(c)

图 1-17　表面微裂纹对比

(a)煤油；(b)水包油型乳化液；(c)蒸馏水

孔、模具的通气孔、柴油机喷嘴小孔和涡轮叶片冷却孔等孔的加工。杨立光等[68]对电火花加工镍基高温合金大深径比盲孔进行了研究。此类孔主要应用于航空、航天发动机中的盘轴类零件上，具有关键作用。试验首先采用黄铜多孔柱电极进行粗加工，以提高加工效率，然后采用紫铜管状电极进行中、精加工，配以冲液和专用导向器以提高加工精度，可加工深径比大于 45、孔径为 ϕ5 mm 的深盲孔。Yilmaz 等[69]在电火花钻孔机床上开发了一个自动化智能系统，用于在航天合金 IN718 和 Ti64 上进行电火花钻孔作业，用铜和黄铜两种电极加工出尺寸在 ϕ0.4～ϕ3 mm 的 11 个不同尺寸的小孔。在电火花加工输入和输出数据之间创建了自适应模糊神经网络(ANFIS)模型，通过将优化函数和 ANFIS 模型整合成交互的可视化的功能界面，从而有效节约时间成本来规划和预测电火花钻孔加工过程中的各项参数。王力等[70]以数控电火花成形机床为平台，工具电极采用直径 ϕ16 mm 的紫铜，以航空煤油作为工作介质，对深度为3 mm 的 TC4 进行盲孔加工，并对比正负极性加工的差异。研究表明，占空比一定时，增加峰值电流对两种极性加工都能提高材料去除率；负极性加工能获得较低的电极相对损耗；增大峰值电流和脉宽，负极性加工时的工件表面微裂纹密度大于正极性加工。同时还发现，加工表面皆有 TiC 生成是电火花加工 TC4 时材料去除率低的原因之一。郭永丰等[71]在电火花成形加工机床上采用煤油中旋转电极内冲液电火花成形加工方法，在高温合金 IN718 上加工出ϕ0.5 mm 气模冷却孔。设计正交试验来分析峰值电流 I_p、脉宽 τ_{on}、占空比 ψ 和冲液压强 p 对材料去除率和电极损耗的影响，如图 1-18 所示。得出最优的加工参数是峰值电流 8 A、脉宽 130 μs、占空比 0.35、冲液压强 5 MPa。孔令蕾等[72]对镍基高温合金 GH4169 进行了多孔质电极电火花加工。使用由毫米级粒径的紫铜粒经高温烧结而成的圆柱多孔质的成形电极，采用内分布式冲液方式加工，并同采用抬刀方式的实体电极加工的材料去除率与电极相对损耗率进行了对比，如图 1-19 所示。多孔质电极适用于大电流、粗加工下的零件加工，实体电极适用于中、精加工，二者互相配合可达到较高的加工效率。

4. 工艺优化

电火花加工的工艺优化以提高加工效率、降低电极损耗、降低加工表面粗糙度值、减小重铸层厚度为目标对加工参数进行优化。Vijay 等[73]使用田口法对 Ti-6Al-4V 钛合金的电

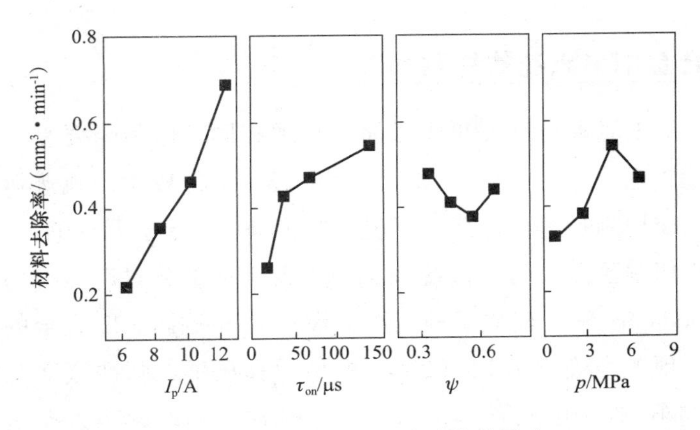

图 1-18　各因素对材料去除率的影响

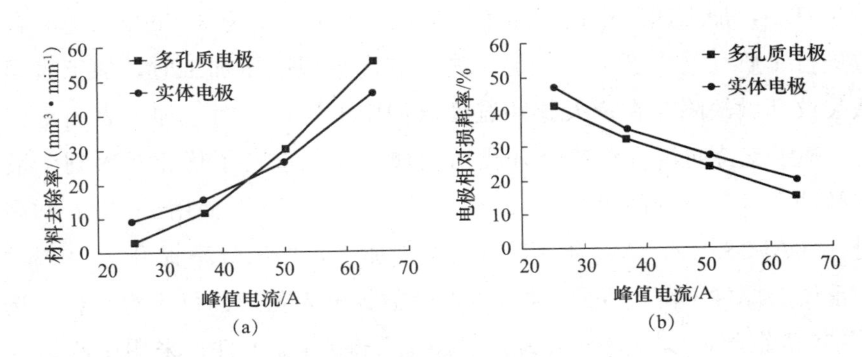

图 1-19　多孔质电极与实体电极的加工性能对比

(a)材料去除率；(b)电极相对损耗率

火花加工的工艺参数进行了优化，并给出了加工效率高、电极损耗小、表面粗糙度值低的放电参数。通过对加工表面观察发现，表面微缺陷随脉冲宽度的增大而增多。Kliuev 等[74]对 Inconel 718 的电火花钻孔与成形加工技术进行了研究，获得的最大加工效率为 77 mm^3/min，相对电极损耗降低到 20%，重铸层厚度降低到 8 μm。灰色田口法、自适应模糊神经网络模型、多目标优化函数等方法被应用于加工效果的预测，并在加工工艺参数优化中起到重要的作用。

近年来，在高温合金与钛合金的成形加工和钻孔加工方面的研究取得了诸多成果，工具电极材料、工作液多样化，并且获得了较好的加工效果。高温合金与钛合金的电火花钻孔加工发展迅速，但在加工高温合金与钛合金时，加工表面往往存在微裂纹、重铸层、微孔隙、针眼、残余应力等表面缺陷，有待进一步研究解决，可通过进一步拓宽工具电极的取材范围、开发新的工作液等途径，获得更高的加工效率、更好的加工表面质量和更低的工具电极损耗。机床伺服系统参数、进给速度、抬刀频率、回退速度、回退长度等加工参数对加工效果都有重要影响，并且与放电参数之间存在耦合作用，需要与放电参数综合起来进行研究。

1.5.2 钛合金的电火花线切割加工

电火花线切割加工原理与电火花成形加工原理相同，但不需要复杂的成形电极，而是利用移动的钼丝或铜丝等细金属丝作为工具电极，工件按预定轨迹运动，从而使工件切割成形。电火花线切割是适合复杂和不规则形状难加工导电元件的高精度加工的方法。近年来，电火花线切割已经成为非传统加工的重要组成部分，广泛应用于航空、航天等行业[75]。Devarasiddappa 等[76]建立了神经网络模型对 Inconel 825 合金的线切割加工表面粗糙度进行预测，预测准确率为 93.62%。模型计算显示，脉冲宽度对加工表面粗糙度影响占 76.12%，伺服参考电压影响为 7.18%，脉冲间隔的影响为 5.3%。Sharma 等[77]研究了线切割丝直径对线切割加工 Inconel 706 合金的影响，发现细丝相对于粗丝加工出的表面重铸层厚小，加工速度更快，加工表面硬度变化小，还对 Inconel 706 合金的线切割加工参数进行了研究[78]，发现在小脉冲宽度和高伺服电压加工时，加工表面粗糙度值小且没有微裂纹和微缺陷存在；大脉冲宽度低伺服电压加工时，加工表面重铸层厚度增加。Raj 等[79]基于支持向量机对钛合金线切割加工参数进行了优化，得到了最佳放电参数，并发现脉冲宽度和脉冲间隔是最大影响参数。Antar 等[80]使用 ZnCu50 和高锌黄铜镀层的铜丝对 Ti-6Al-2Sn-4Zr-6Mo 合金进行线切割加工，加工效率提升了 70%，加工表面质量提升，重铸层厚度下降。Garg 等[81]以四轴数控电火花切割机床为平台，选用直径为 ϕ0.25 mm 的扩散铜丝，以去离子水为介质加工 Ti6-2-4-2 工件。采用中心组合设计的试验设计思路，基于线性回归分析方法，分析了各加工参数对平均切削速度和表面粗糙度的影响，一般情况下，平均切削速度随着脉宽的增大而增大，随着脉间和火花间隙电压的增大而减小。同时设计了多目标优化函数，从而优化参数获得最小的表面粗糙度和最大平均切削速度。朱颖谋等[82]对厚度为20 mm 的钼钛锆高温合金进行了电火花线切割加工试验，通过进行 25-1 析因试验分析了影响加工效率的显著因素有脉宽、占空比和峰值电流。通过进行全因子试验(图 1-20)进一步设计了中心复合响应曲面试验，得到最优放电参数为脉宽 2.0 μs、占空比 0.7、峰值电流 12 A。此时，表面粗糙度的平均值能控制在 1.6 μm 以下。

导电金属均能使用电火花线切割加工，但由于高温合金和钛合金的材料特殊性，其加工效率均较一般金属慢。多目标优化、神经网络等优化方法的应用，明确了各加工参数对加工效率、加工表面质量、重铸层厚度等方面的影响。表面镀层电极丝、扩散铜丝等新型电极丝的应用都获得了较好的加工效果，可采用更多复合材质电极丝或合金电极丝进行研究。然而电火花线切割工作液研究相对较少，需要更多的研究。另外，目前主流的电火花线切割加工设备均为针对钢等一般金属加工提供的加工参数选用区间，因此，试验的参数取值区间受限，可通过定制、研发等手段解决试验平台问题，以获得更适合高温合金和钛合金加工的放电参数。

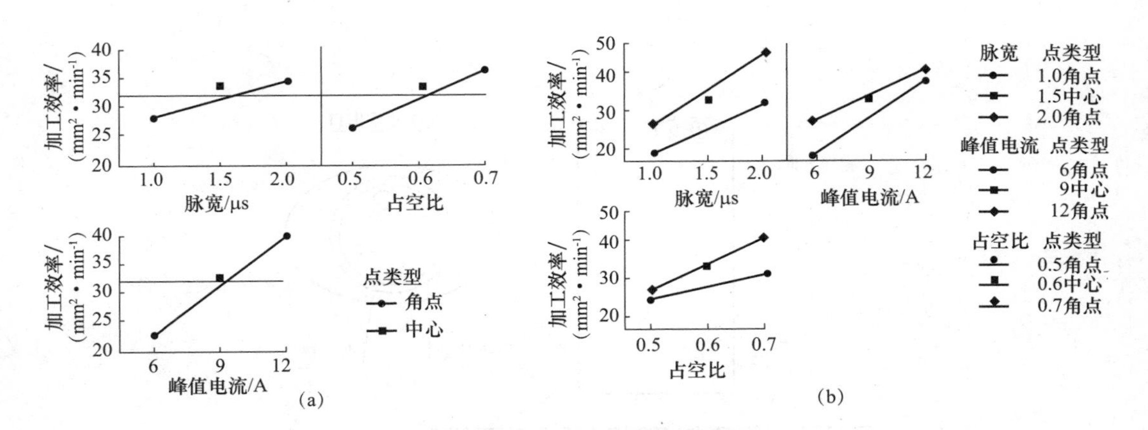

图 1-20 全因子试验主效应和交互效应

(a)主效应；(b)交互效应

1.5.3 钛合金电火花表面强化加工

钛合金的硬度比较低，摩擦因数较大，耐磨性能比较差，导热系数小，不宜导热，因此很容易与磨料发生黏着磨损和微动磨损，导致零件的磨损失效。因此，为提升钛合金表面耐磨性，对其进行表面改性和强化处理就显得尤为重要。电火花表面强化一般以空气为极间介质，在工具电极和工件电极之间连接上直流或交流电源。当加工高温合金和钛合金时，会产生 1 000 ℃的高温，能够使任何强化介质与钛合金发生化学反应。与电镀、抛光、热喷涂、DVD、CVD 等其他表面处理工艺相比，电火花表面强化较经济、简单，效果也好。吴公一等[83]采用电火花堆焊机为平台，选取 Zr、WC 为电极材料，对 TA2 材料进行电火花沉积表面强化，在其表面制备出连续均匀的 Zr/WC 复合涂层。分析表明，Zr/WC 复合涂层的表面显微硬度值约为基体的 4 倍，沉积层的表面相对耐磨性比基体增加了 3.1 倍，基体的表面性能已成功改变。徐安阳等[84]针对功能电极电火花诱导烧蚀加工钛合金材料加工表面的孔、微裂纹等问题，通过功能电极原位合成 TiN 涂层的方法进行表面修整，其原理如图 1-21 所示。采用紫铜作为功能电极，分别进行烧蚀试验和原位合成 TiN 涂层试验，通过扫描电子显微镜、X 射线衍射仪等进行了分析，结果表明 TiN 涂层致密且连续，厚度在 400 μm 以上，且硬度达到基体的 5.7 倍。其表面放电蚀坑大而浅，微观表面较为平整。

近年来，混粉准干式电火花表面强化被认为是一种新型的表面处理技术。其加工介质为气、液、固三相流混合物。通过脉冲电路的充放电产生高能量电流，使正、负极间的加工介质被击穿，产生火花放电使电极材料、强化粉末和工件材料等在高温高压下熔化、汽化，相互熔渗、扩散。通过物理化学反应，在机体表面重新合金化和相变硬化，以进行基体的表面改性。潘康等[85]采用强化介质为 B4C 的雾状去离子水，对 TC4 材料进行了表面改性，分别用石墨电极和紫铜电极对 TC4 材料表面进行了电火花强化，不同强化层强化表

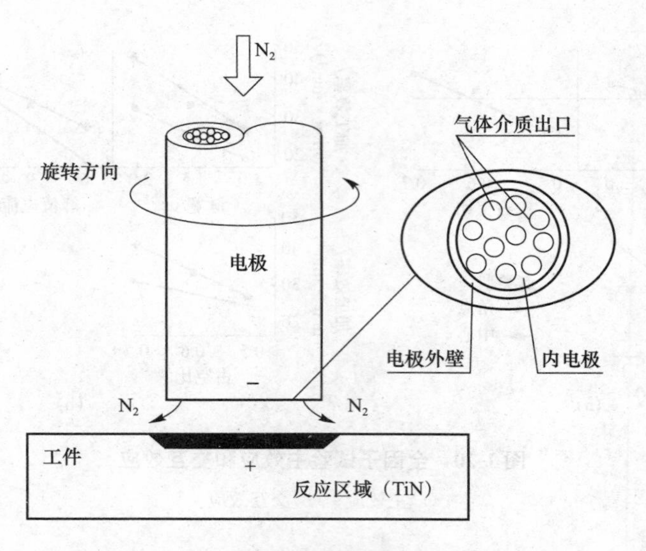

图 1-21　功能电极原位合成 TiN 涂层原理

面的磨损量见表 1-1，对已加工表面又进行了复合强化。研究发现，采用混粉准干式放电后的复合强化层的相对磨损率是基体材料的 27%左右，采用紫铜电极所得的强化层较石墨电极所得的相对平整。Oliveira 等[86]在去离子水中添加氯化钙作为工作液对 Ti-6Al-4V 进行电火花表面处理，放电参数选择电流 30 A、脉宽 100 μs、脉间 50 μs，成功地在工具表面生成了厚度均匀的 $CaTiO_3$ 强化层。

表 1-1　TC4 和不同强化层强化表面的磨损量

电极材料	磨损前/g	磨损后/g	磨损量/g	相对磨损/%
TC4 基体	1.697 3	1.653 4	0.043 9	2.59
石墨	1.596 1	1.583 2	0.012 9	0.81
紫铜	1.684 5	1.670 7	0.013 8	0.82
石墨+紫铜	1.705 1	1.693 5	0.011 6	0.68
紫铜+石墨	1.658 9	1.646 2	0.012 7	0.75

采用堆焊机进行电火花表面强化加工、电火花诱导烧蚀加工、混粉准干式电火花表面强化、B4C 的雾状去离子水电火花表面强化等工艺方法的出现，丰富了电火花表面强化加工的工艺方法。目前，对钛合金的电火花表面强化的研究已经取得了良好的效果，但对电火花沉积强化的机理仍然认识不足，且电火花沉积的表面仍会存在残留应力，虽然改变了加工参数能控制应力，但是不能完全消除残留应力，强化层的均匀性与一致性也有待进一步提高。因此，需要加强对强化机理的研究，并且进一步拓宽应用范围，提高表面处理的效率。还可以尝试更多的强化粉末、更多的复合材质电极进行强化加工，以获得不同性能的强化层。

1.5.4 钛合金的微细电火花加工

微细电火花加工技术具有电极制造简单、作用力小、控制性好、宏观切削力小和可加工硬质材料等优点。经过几十年的发展，这项技术已成为微细机械制造领域的一个重要组成部分，被广泛应用于微细轴、孔和三维形貌等微细制造领域。Moses 等[87]分别在 Ti-6Al-4V 和黄铜材料上加工一系列小孔与微型槽，并对两者的加工质量特性进行了对比。试验发现，黄铜上的通孔和槽比 Ti-6Al-4V 上的平滑很多，观察 Ti-6Al-4V 工件的显微特征发现其表面附着有很多碎屑，且在加工槽时，Ti-6Al-4V 工件上的槽底部会有锥度，而黄铜工件却没有，如图 1-22 所示。最后通过方差分析确定了加工 Ti-6Al-4V 材料的最优参数，即电流 5 A、电压 200 V、脉冲宽度 200 μs、占空比 70%。这个参数组合能使电极损耗减少 15%，材料去除率提高 12%，表面质量改善 19%。Kuriachen 等[88]以直径为 0.4 mm 的碳化钨为工具电极，对 Ti-6Al-4V 材料进行了微细电火花放电试验。以电压和电容作为变量，测量放电时的火花半径，由此进行了基于 4 个中心点运行的三级全因子试验设计的试验。研究发现，与电压相比，电容对火花半径的影响更为显著。另外，建立了回归分析数学模型，分析了电容和电压与火花半径的关联性，并验证了其正确性，从而可以开发的模型方程进行数值仿真，成功预测 RC 放电电路的火花半径。Prihandana 等[89]研究了采用电介质溶液中悬浮二硫化钼粉末，微细电火花加工 Inconel 718 材料以获得高质量微细孔的方法。研究发现，当采用颗粒大小为 50 nm 的二硫化钼粉末，且在溶液中浓度为 5 g/L 时，能在 Inconel 718 材料上加工出高质量微细孔，获得最大材料去除率的粉末浓度为 10 g/L，但当电容较低(220 pF)时，只需要 5 g/L 的浓度。Saedon 等[90]结合田口法与灰色理论对钛合金线切割加工进行了分析，给出了加工效率高、加工表面粗糙度值低的放电参数，并进行了验证试验。Plaza 等[91]分别使用直径 300 μm 的钨铜电极和石墨电极对 Ti-6Al-4V 进行了微细孔加工，当孔深为 0.5 mm 时，铜钨电极的相对损耗为 25%；当孔深为 5.5 mm 时，上升到 50%，而石墨电极在孔深为 0.5 mm 时相对电极损耗就已达 400%。Sivaprakasam 等[92]对 Ti-6Al-4V 进行了微细电火花线切割加工研究，使用的电极丝直径为 ϕ70 μm，在电压为 100 V、电容为 10 nF、进给速度为 15 μm/s 时、加工的材料去除率为 0.018 02 mm^3/min、切缝宽度为 101.5 μm、加工表面粗糙度为 0.789 μm。

微细电火花加工作为重要的微细加工技术，在微细加工领域具有重要作用，并且微细电火花加工在电火花加工中占的比例越来越高。微细电火花加工发展趋向于更高的加工精度、更好的加工表面质量、更高的加工效率和更低的工具电极损耗，通过电参数与电容值的优化、混粉、特殊材料工具电极等手段对加工进行改进。

1.5.5 钛合金的电火花铣削加工

电火花铣削加工技术与传统的电火花成形加工相比，省去了传统的成形电极的设计

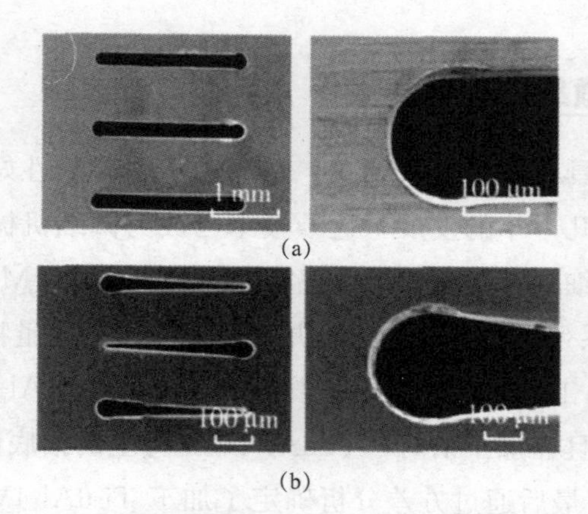

图 1-22　黄铜与 Ti-6Al-4V 上加工微型槽比较

(a)黄铜；(b)Ti-6Al-4V

和制造过程，大幅简化了电火花加工的工艺流程，缩短了产品生产周期。其电极材料一般选择铜钨和纯钨材料，电极形状通常采用柱状，主要有中空柱状和实心柱状两种形式。郭成波等[93]采用中空圆柱电极对 TC4 材料进行电火花铣削加工，加工极性为正极性，如图 1-23 所示。设计正交试验对加工效率进行了研究，发现影响加工效率的主要参数为脉间和冲液压力。建立加工效率预测公式对加工所能达到的最大的加工效率进行了预测。Zhang 等[94]研究了电火花铣削钛合金的加工表面质量，在工具电极上附加超声震动，并在工作液中添加 12 g/L 的 SiC 粉末，研究发现，粉末的添加使加工表面粗糙度由 0.5 μm 降低到 0.2 μm，超声震动的附加则使重铸层厚度减少了 20～30 μm，加工表面缺陷也明显减少。

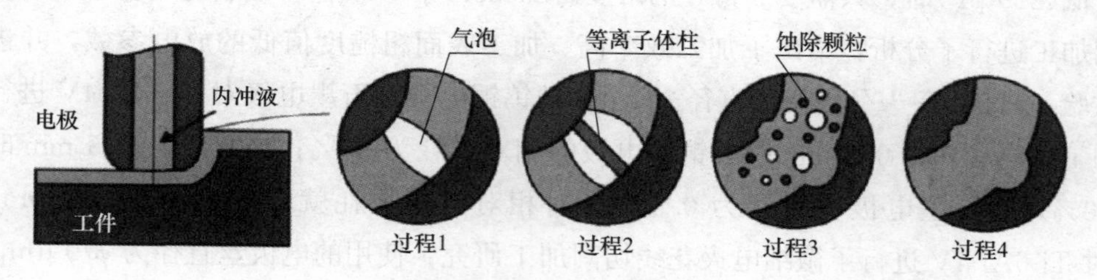

图 1-23　电火花铣削放电过程

Wang 等[95]对 Inconel 718 合金进行高电流密度电火花铣削加工，在高效冲刷和强电流密度的作用下，获得的最高加工效率为 1 506 202 mm/min，相对电极损耗则只有 1.73%，但同时微缺陷与白化层沿晶界扩展到了金属基体内部，故该方法仅适用于粗加工，并且加工变质层较厚，为获得好的加工表面质量，后续加工的材料去除量较大。Lin 等[96]基于灰色田口法对微细电火花铣削 Inconel 718 合金进行了优化，分析了放电参数及放电间隙对电极损耗、加工效率、加工精度的影响。Ali 等[97]对钛合金混粉电火花铣削加工的表面粗糙度进行了研究，在 SiC 粉末含量为 16.8 g/L 时，加工表面粗糙度最优为 0.75 μm，粉末含量是对加工表面粗糙度的最大影响因素。Ali 等[98]对钛合金混粉电火花铣削加工的加工效率进行了研究，使用碳化钨作为工具电极，并在工作液中混入 SiC 粉末，在 SiC 粉末含量为 24.75 g/L 时加工效率最高为 7.308 g/min，SiC 粉末含量对加工效率有显著影响。Kuriachen 等[99]对 Ti-6Al-4V 材料进行了微细电火花铣削加工，采用曲面响应法进行中心组合设计，对不同加工参数条件下的铣削加工进行了方差分析，发现获得最大材料去除率的加工参数为电压 115 V、电容 0.4 μF、电极旋转速度 1 000 r/min、进给速度 18 mm/min。同时建立了数学模型，用于预测加工 Ti-6Al-4V 时的材料去除率，获得了明显的效果。常伟杰等[100]对超声震动辅助电火花铣削技术进行了研究，并基于 Fluent 平台进行了流场与蚀除颗粒分布场的仿真研究。工具电极上附加超声震动，可使工作液的压力分布更富梯度化、流速变化加强、加工碎屑的分布更加均匀，有利于加工碎屑的排出，提高加工效率。

相对于电火花加工与电火花线切割加工，高温合金与钛合金的电火花铣削加工文献较少，主要集中于加工参数的优化，优化目标主要为加工效率、加工表面质量、加工精度等。混粉电火花铣削加工和工具电极附加超声震动可以获得更好的加工表面质量，而高电流密度电火花铣削加工则侧重于材料的高速蚀除。近年来，科研人员在高温合金与钛合金的电火花加工与电火花线切割加工方面获得了诸多研究成果，而电火花铣削加工的加工原理与电火花加工、电火花线切割加工相同，可将电火花加工与线切割加工的相关研究成果进一步引入电火花铣削加工中，从而促进高温合金与钛合金电火花铣削加工的发展。

1.6 本章小结

电火花加工属于典型的非接触加工方式，应用非常广泛，在学术界和生产实践中被高度重视，形成了一系列研究实践成果。在理论方面，随着粒子模拟和分子动力学等新方法的应用，电火花的物理过程、状态和机理研究都取得了值得关注的成果。在设备方面，国外技术比较成熟，三轴联动数控电火花成形加工机床、五轴联动数控电火花成形加工机床、多轴联动数控电火花小孔加工机床、专用机床、慢走丝线切割机床等技术成熟，商业化效果良好，瑞士 GF 阿奇夏米尔集团，日本的牧野(Makino)、沙迪克(Sodick)、三菱电机(Mitsubishi Electric)等产品应用非常广泛；近年来，在国家“数控机床和基础装备”重大项目的支持下，以苏州电加工所、北京电加工所为代表的单位联合多所国内院校，经过一系列技术攻关，研制了以苏州中特、北京迪蒙、苏州三光、东庆等品牌为代表的各种电火花加工机床，为我国电火花加工技术奠定了基础。在加工工艺方面，主要集中在镜面电火花加工技术、微细电火花加工技术、高效低损电火花加工技术等方面，国内迟关心、王振龙等大批专家开展了大量研究，取得了显著成果。为解决难加工材料去除量大、加工难的问题，电火花铣削技术被广泛应用，充分发挥了综合数控切削加工和电火花成形加工的优势，国内外研究人员从加工设备、加工方法、加工工艺等不同角度开展了研究，使得电火花铣削加工技术逐渐完善。在钛合金电火花加工方面，电火花成形加工、电火花线切割、微细电火花加工、电火花铣削、电火花表面强化等的研究进展突出，解决了航空航天领域零件制造诸多难题。

参考文献

[1]李明辉．电火花加工理论基础[M]．北京：国防工业出版社，1989.

[2]陈飞，王宝瑞，施威，等．微细电火花加工技术研究现状概述[J]．电加工与模具，2015：6－10.

[3] Reynaerts D，Heeren P H，Van Brussel H. Microstructuring of silicon by electro-discharge machining（EDM)-Part I：theory[J]．Sensors and Actuators A：Physical，1997，60(5)：212－218.

[4]亓利伟，楼乐明，李明辉．放电通道的波动性与电火花加工机理[J]．上海交通大学学报，2001，35(7)：989－992.

[5] Chen Y，Mahdivian S M. Analysis of electro-discharge machining process and its comparison with experiments[J]．Journal of Materials Processing Technology，2000，104(1)：150－157.

[6] Kunieda M，Xia H，Nishiwaki X. Observation of Arc Column Movement during Monopulse Discharge in EDM[J]．，Kincshita N CIRP，1992，41(1)：227－230.

[7] Singh A，Ghosh A. A thermo-electric model of material removal during electric discharge machining [J]．International Journal of Machine Tools & Manufacture，1999，39(4)：669－682.

[8]崔景芝，王振龙．放电通道的微观模拟及其物理性能研究[J]．电加工与模具，2007(1)：13－16.

[9]赵伟，任延华，任中根，等．电火花放电通道中带电粒子运动规律的研究[J]．机械科学与技术，2001，20(5)：762－763.

[10] Abbas N M，Solomon D G，Bahari M F. A review on current research trends in electrical discharge machining（EDM）[J]. International Journal of Machine Tools & Manufacture，2007(47)：1214－1228.

[11]CIMT2011 特种加工机床评述专家组．第十二届中国国际机床展览会特种加工机床评述[J]．电加工与模具，2011(3)：1－8.

[12] Wei B，Trimmer A L，Luo Y，et al. Advancement in High Speed Electro-Erosion

Processes for Machining Tough Metals[J]. ISEM-16，Shanghai，2010：193－196.
[13]叶军．数控高效放电铣加工技术[J]. 世界制造技术与装备市场，2009(5)：45－49.
[14]霍希建．钛合金 ECDM 铣削工艺的研究[D]. 哈尔滨：哈尔滨工业大学，2010.
[15]Wang F，Liu Y H，Zhang Y Z，et al. Compound machining of titanium alloy by super high speed EDM milling and arc machining[J]. Journal of Materials Processing Technology，2014，214(3)：531－538.
[16]Zhao W，Gu L，Xu H，et al. A novel high efficiency electrical erosion process-blasting erosion arc machining[J]. Procedia CIRP，2013(6)：621－625.
[17]张勤河，张建华，杜如虚，等．电火花成形加工技术的研究现状和发展趋势[J]. 中国机械工程，2005，16(17)：1586－1592.
[18]徐小兵，毛利尚武．日本电火花加工技术的发展动态[J]. 电加工与模具，2003(1)：1－3.
[19]赵福令，吕战竹，张宝荣，等．混粉电火花加工工艺特性的研究[J]. 科学技术与工程，2003，3(6)：573－576.
[20]吕战竹，赵福令，张龙，等．混粉电火花加工机理的分析[J]. 模具工业，2003(8)：49－52.
[21]白雪，张勤河，李田田，等．混粉准干式电火花加工介质击穿机理研究[J]. 机械工程学报，2012，48(7)：186－192，198.
[22]王振龙，赵万生，迟关心，等．微三维结构型腔的微细电火花加工[J]. 微细加工技术，2000(1)：71－74，78.
[23]裴景玉，胡德全，高长水，等．智能模糊控制技术在微细电火花加工中的应用[J]. 上海交通大学学报，2001，35(12)：1830－1833.
[24]赵万生，李志勇，王振龙，等．微三维结构电火花铣削关键技术研究[J]. 微细加工技术，2003(3)：49－55.
[25]Muttamara A，Fukuzawa Y，Mohri N. Probability of precision micro-machining of insulating Si_3N_4 ceramics by EDM[J]. Journal of Materials Processing Technology，2003，140(1)：243－247.
[26]韩潇，朱荻，李冬林．电火花加工工具电极耐电蚀性能的试验研究[J]. 电加工与模具，2005(6)：38－41.
[27]张云，周继烈，王家平．硬质合金电火花加工高效低损新技术的研究[J]. 机电工程，1995(4)：47－48.
[28]方宇，赵万生，王振龙，等．基于电火花加工方法表面改性技术研究[J]. 中国机械工程，2004，15(12)：1095－1098.
[29]Kunieda M，Yoshida M，Taniguchi N. Electrical discharge machining in Gas[J]. CIRP Annals-Manufacturing Technology，1997，46(1)：143－146.
[30]Tao J，Shih A J，Ni J. Experimental study of the dry and near-dry electrical discharge

milling processes[J]. Journal of Manufacturing Science and Engineering，2008，130(1)：1001－1002.
[31]Ding S，Yuan R，Li Z，et al. CNC electrical discharge rough machining of turbine blades[J]. Proceedings of the Institution of Mechanical Engineers，Part B：Journal of Engineering Manufacture，2006，220(7)：1027－1034.
[32]刘志东，王琳，田宗军，等．电火花诱导可控烧蚀磨削温度场仿真及试验研究[J]. 中国机械工程，2013，24(6)：811－815.
[33]黄河．基于内冲液旋转电极的电火花铣削机床与关键技术研究[D]. 哈尔滨：哈尔滨工业大学，2014：31－36.
[34]Zhou M，Han F Z，Wang Y X，et al. Assessment of dynamical properties in EDM process-detecting signature of latent change to deleterious process in advance[J]. International Journal of Advanced Manufacturing Technology，2014，44(3－4)：283－292.
[35]Wang F，Liu Y H，Zhang Y，et al. Compound machining of titanium alloy by super high speed EDM milling and arc machining[J]. Journal of Materials Processing Technology，2014，214(3)：531－538.
[36]Schulze H P，Wollenberg G，Matzen S，et al. Origins of gas bubbles in a small work gap during the micro-EDM[C]. Pennsylvania，USA，Proceedings of the 15 th ISEM，2007：211－216.
[37]Kitamura T，Kunieda M，Abe K. High-speed imaging of EDM gap phenomena using transparent electrodes[J]. Procedia CIRP，2013，6(1)：314－319.
[38] Hayakawa S，Sasaki Y，Itoigawa F，et al. Relationship between Occurrence of material removal and bubble expansion in electrical discharge machining[J]. Procedia CIRP，2013，6(1)：174－179.
[39]Wang J，Han F Z，Cheng G，et al. Debris and bubble movements during electrical discharge machining[J]. International Journal of Machine Tools and Manufacture，2012，58(7)：11－18.
[40]Shen Y，Liu Y，Zhang Y，et al. Determining the energy distribution during electric discharge machining of Ti-6Al-4V[J]. The International Journal of Advanced Manufacturing Technology，2013，70(1－4)：11－17.
[41]Yang X，Guo J，Chen X，et al. Molecular dynamics simulation of the material removal mechanism in micro-EDM[J]. Precision Engineering，2011，35(1)：51－57.
[42]Leão F N，Pashby I R. A review on the use of environmentally-friendly die-lectric fluids in electrical discharge machining[J]. Journal of Materials Processing Technology，2004，149(1－3)：341－346.
[43]Ndaliman M B，Khan A A，Ali M Y. Influence of dielectric fluids on surface properties of

electrical discharge machined titanium alloy[J]. Proceedings of the Institution of Mechanical Engineers, Part B: Journal of Engineering Manufactu-re, 2013, 227(9): 1310—1316.

[44]Nguyen M D, Rahman M, Wong Y S. Enhanced surface integrity and dimensional accuracy by simultaneous micro-ED/EC milling [J]. CIRP Annals-Manufacturing Technology, 2012, 61(1): 191—194.

[45]Han M S, Min B K, Sang S J. Improvement of surface integrity of electro-chemical discharge machining process using powder-mixed electrolyte[J]. Journal of Materials Processing Technology, 2007, 191(1—3): 224—227.

[46]苏树朋．基于气体介质的电火花铣削加工技术及机理研究[D]. 济南：山东大学，2008：33—36.

[47]Liu Y H, Zhang Y Z, Ji R J, et al. Experimental characterization of sinking electrical discharge machining using water in oil emulsion as dielectric [J]. Materials and Manufacturing Processes, 2013, 28(4): 355—363.

[48]Kunieda M, Kobayashi T. Clarifying mechanism of determining tool electrode wear ratio in EDM using spectroscopic measurement of vapor density [J]. Journal of Materials Processing Technology, 2004, 149(1—3): 284—288.

[49]Hasçalık A, Çaydaş U. Electrical discharge machining of titanium alloy (Ti-6Al-4V) [J]. Applied Surface Science, 2007, 253(22): 9007—9016.

[50]Dimov S, Popov K, Bigot S, et al. A study of micro-electro discharge machining electrode wear[J]. Proceedings of the Institution of Mechanical Engineers, Part C: Journal of Mechanical Engineering Science, 2007, 221(5): 605—612.

[51]Uhlmann E, Roehner M. Investigations on reduction of tool electrode wear in micro-EDM using novel electrode materials[J]. CIRP Journal of Manufacturing Science and Technology, 2008, 1(2): 92—96.

[52]Yang C K, Cheng C P, Mai C C, et al. Effect of surface roughness of tool electrode materials in ECDM performance [J]. International Journal of Machine Tools & Manufacture, 2010, 50(12): 1088—1096.

[53]Yu Z Y, Masuzawa T, Fujino M. micro-EDM for three-dimensional cavities-development of uniform wear method[J]. CIRP Annals-Manufacturing Technology, 1998, 47(1): 169—172.

[54]李翔龙，殷国富，林朝镛．基于进化神经网络的电火花铣削加工电极损耗预测[J]. 机械工程学报，2004，40(3)：61—65.

[55]Ming P M, Zhu D, Zeng Y B, et al. Wear resistance of copper EDM tool electrode electroformed from copper sulfate baths and pyrophosphate baths [J]. The International Journal of Advanced Manufacturing Technology, 2010, 50(5—8): 635

—641.
[56]Danisman C B，Yavas B，Yucel O，et al. Processing and characterization of spark plasma sintered TZM alloy[J]. Journal of Alloys & Compounds，2016(685)：860—868.
[57]廖书龙．钼合金切削工艺[J]. 航天制造技术，1991(1)：4—9.
[58] Tiany，Gontcharova，Gauvinr，et al. Effect of heat treatments on microstructure evolution and mechanical properties of blended Nickel-based superalloys powders fabricated by laser powder deposition[J]. Materials Science & Engineering A，2016(674)：646—657.
[59]李刘合，杨海健，陈五一，等．用于加工 Inconel 718 的切削刀具发展现状[J]. 工具技术，2010，44(5)：3—12.
[60]闫东平，姜彬．基于响应曲面法的钛合金 TC21 铣削参数优化[J]. 工具技术，2016(8)：18—22.
[61]李树侠，朴松花．钛合金材料的机械加工工艺综述[J]. 飞航导弹，2007(7)：57—61.
[62]强华．钛合金复杂型腔电火花加工工艺参数试验研究[J]. 西南师范大学学报(自然科学版)，2014(9)：138—140.
[63] Kumar S，Batish A，Singh R，et al. A hybrid taguchi-artificial neural network approach to predict surface roughness during electric discharge machining of titanium alloys[J]. Journal of Mechanical Science and Technology，2014，28(7)：2831—2844.
[64]朱颖谋，高飞，孙长宏，等．钼钛锆高温合金的电火花加工工艺研究[J]. 航空制造技术，2016(14)：61—64.
[65]Priyadarshini M，Pal K. Grey-taguchi Based Optimization of EDM Process for Titanium Alloy[J]. Carbohydrate Polymers，2015，97(2)：421—428.
[66]薛荣媛，刘志东，王祥志，等．水包油型乳化液钛合金 TC4 电火花加工特性研究[J]. 中国机械工程，2014，25(9)：1164—1168.
[67]奚艳莹，陈远龙，常伟杰．基于密度平衡的水包油工作液稳定性研究[C]. 2016 年全国电火花成形加工技术研讨会交流文集．北京：北京市电加工研究所，2016：128—134.
[68]杨立光，伏金娟，任连生，等．镍基高温合金大深径比盲孔电火花加工工艺探讨[J]. 航空制造技术，2014(16)：42—46.
[69] Yilmaz O，Bozdana A T，Okka M A. An intelligent and automated system for electrical discharge drilling of aerospace alloys：Inconel 718 and Ti-6Al-4V[J]. The International Journal of Advanced Manufacturing Technology，2014，74(9)：1323—1336.
[70]王力，张国伟，郭雨龙，等．钛合金 Ti-6Al-4V 的电火花加工试验研究[C]. 第 15 届全国特种加工学术会议论文集，南京，2013：26—30.

[71]郭永丰，张国伟，王力，等．高温合金 IN718 上气膜冷却孔电火花加工试验[J]．航空动力学报，2016，31(2)：266－273.
[72]孔令蕾，蒋毅，平雪良，等．镍基高温合金多孔质电极电火花加工试验研究[J]．电加工与模具，2015(2)：8－12.
[73]Vijay V，Ran S. Multi process parameter optimization of diesinking EDM on titanium alloy(Ti6Al4V) using taguchi approach[C]. The 4th International Conference on Materials Processing and Characterization，Ram Sajeevan，2015：2581－2587.
[74]Kliuev M，Boccadoro M，Perez R，et al. EDM drilling and shaping of cooling holes in inconel 718 turbine blades[J]. Procedia CIRP，2016(42)：322－327.
[75]Gautier G，Priarone P C，Rizzuti S，et al. A contribution on the modelling of wire electrical discharge machining of a γ-TiAl alloy[J]. Procedia CIRP，2015(31)：203－208.
[76]Devarasiddappa D，George J，Chandrasekaran M，et al. Application of artificial intelligence approach in modeling surface quality of aerospace alloys in WEDM process[J]. Procedia Technology，2016(25)：1199－1208.
[77]Sharma P，Chakradhar D，Narendranath S. Effect of wire diameter on surface integrity of wire electrical discharge machined inconel 706 for gas turbine application[J]. Journal of Manufacturing Processes，2016(24)：170－178.
[78] Sharma P，Chakradhar D，Narendranath S. Evaluation of WEDM performance characteristics of inconel 706 for turbine disk application[J]. Materials & Design，2015(88)：558－566.
[79]Raj D A，Senthilvelan T. Empirical modelling and optimization of process parameters of machining titanium alloy by wire-EDM using RSM[J]. Materials Today Proceedings，2015，2(4－5)：1682－1690.
[80] Antar M T，Soos L，Aspinwall D K，et al. Productivity and workpiece surface integrity when WEDM aerospace alloys using coated wires[J]. Procedia Engineering，2011，19(19)：3－8.
[81]Garg M P，Jain A，Bhushan G. Multi-objective optimization of process parameters in wire electric disc harge machining of Ti-6-2-4-2 alloy[J]. Arabian Journal for Science and Engineering，2014，39(2)：1465－1476.
[82]朱颖谋，孙长宏，牛禄，等．钼钛锆高温合金电火花线切割加工效率优化[J]．电加工与模具，2015(5)：8－12.
[83]吴公一，张占领，孙凯伟，等．TA2 表面电火花沉积 Zr/WC 复合涂层特性及界面行为研究[J]．表面技术，2016，45(1)：96－100.
[84]徐安阳，刘志东，李文沛，等．功能电极钛合金表面 TiN 涂层的原位合成[J]．华南理工大学学报(自然科学版)，2014(1)：11－16.

[85]潘康，蔡兰蓉，李敏．电火花表面强化 TC4 钛合金组织特征及性能研究[J]．机械研究与应用，2015(4)：125－127.
[86]Oliveira A R F，Sales W F，Raslan A A. Titanium perovskite($CaTiO_3$)formation in Ti6Al4V alloy using the electrical discharge machining process for biomedical applications[J]. Surface & Coatings Technology，2016(307)：1011－1015.
[87]Moses M D，Jahan M P. Micro-EDM machinability of difficult-to-cut Ti-6Al-4V against soft brass[J]. The International Journal of Advanced Manufacturing Technology，2015，81(5)：1－17.
[88]Kuriachen B，Varghese A，Somashekhar K P，et al. Three-dimensional numerical simulation of microelectric discharge machining of Ti-6Al-4V[J]. The International Journal of Advanced Manufacturing Technology，2015，79(1)：147－160.
[89]Prihandana G S，Sriani T，Mahardika M，et al. Application of powder suspended in dielectric fluid for fine finish micro-EDM of Inconel 718[J]. The International Journal of Advanced Manufacturing Technology，2014，75(1)：599－613.
[90]Saedon J B，Jaafar N，Yahaya M A，et al. Multi-objective optimization of titanium alloy through orthogonal array and grey relational analysis in WEDM[J]. Procedia Technology，2015(15)：833－841.
[91]Plaza S，Sanchezj A，Perez E，et al. Experimental study on micro EDM-drilling of Ti6Al4V using helical electrode[J]. Precision Engineering，2014，38(4)：821－827.
[92]Sivaprakasam P，Hariharan P，Gowri S. Modeling and analysis of micro-WEDM process of titanium alloy(Ti-6Al-4V)using response surface approach[J]. Engineering Science & Technology，an International Journal，2014，17(4)：227－235.
[93]郭成波，狄士春，韦东波，等．TC4 钛合金电火花高效铣削加工效率研究[J]．兵工学报，2015，36(11)：2149－2156.
[94]Zhang Y P，Sun G B，Zhang A Z. Study on the surface quality of titanium alloy in ultrasonic-assisted EDM milling[J]. Applied Mechanics & Materials，2012(184)：1267－1271.
[95]Wang F，Liu Y H，Shen Y，et al. Machining performance of inconel 718 using high current density electrical discharge milling[J]. Advanced Materials and Manufacturing Processes，2013，28(10)：1147－1152.
[96]Lin M Y，Tsan C C，Hsu C Y，et al. Optimization of micro milling electrical discharge machining of Inconel 718 by grey-Taguchi method[J]. Transactions of Nonferrous Metals Society of China，2013，23(3)：661－666.
[97]Ali M Y，Adesta E Y T，Rahman N A B A，et al. Powder mixed micro electro discharge milling of titanium alloy：analysis of surface roughness[J]. Advanced

Materials Research，2011(341－342)：142－146.
[98] Ali M Y，Rahman N A B A，Aris E B M. Powder mixed micro electro discharge milling of titanium alloy：investigation of material removal rate [J]. Advanced Materials Research，2011(383－390)：1759－1763.
[99] Kuriachen B，Mathew J. Modeling of material removal mechanism in micro electric discharge milling of Ti-6Al-4V[J]. Applied Mechanics & Materials，2014(592－594)：516－520.
[100]常伟杰，陈远龙，张建华，等．超声震动辅助电火花铣削流场与蚀除颗粒分布场仿真[J]. 应用基础与工程科学学报，2015(S1)：151－157.

第2章 电火花铣削设备研究与设计

在电火花加工中，提高加工效率与改善表面质量是相互矛盾的，在加工条件一定时，提高加工效率，必然会导致所加工表面质量的下降。在普通电火花加工中，为了保证加工表面质量，所采用脉冲电源的放电电流一般小于 200 A[1]，为了提高加工效率、降低加工成本，电火花铣削加工一般采用大电流(最高达 1 000 A)的脉冲电源，加工表面质量会变差，需要通过后续的加工来保证。现有的电火花机床通常没有采用大电流的脉冲电源，需要自行设计电火花铣削设备。为简化电火花铣削设备的设计过程，本章将三轴铣削机床改造为数控电火花铣削机床，通过规划电极进给伺服调整策略，将电弧放电与火花放电共同应用于材料的蚀除中。

2.1 电火花铣削设备总体方案设计

电火花铣削加工机床总体结构如图 2-1 所示。整体上可将其分为机床本体、数控系统和脉冲电源三大部分。

(1)机床本体是通过改进现有铣削机床来实现的，主要由工具电极夹持旋转头、主轴旋转系统、高压冲液系统和控制工作台运动的 X、Y、Z 轴组成。

(2)数控系统主要有两个作用[2]：第一，根据软件生成的加工数控代码，控制电极按照规划的轨迹运动，从而加工出所要求的零件轮廓形状，其中所采用的加工代码为机械铣削与放电铣削可以通用的标准数控代码；第二，通过以太网与脉冲电源进行实时通信，根据脉冲电源中伺服控制模块提供的伺服控制策略信号实时调整电极进给速率，从而保证电火花加工的稳定性。

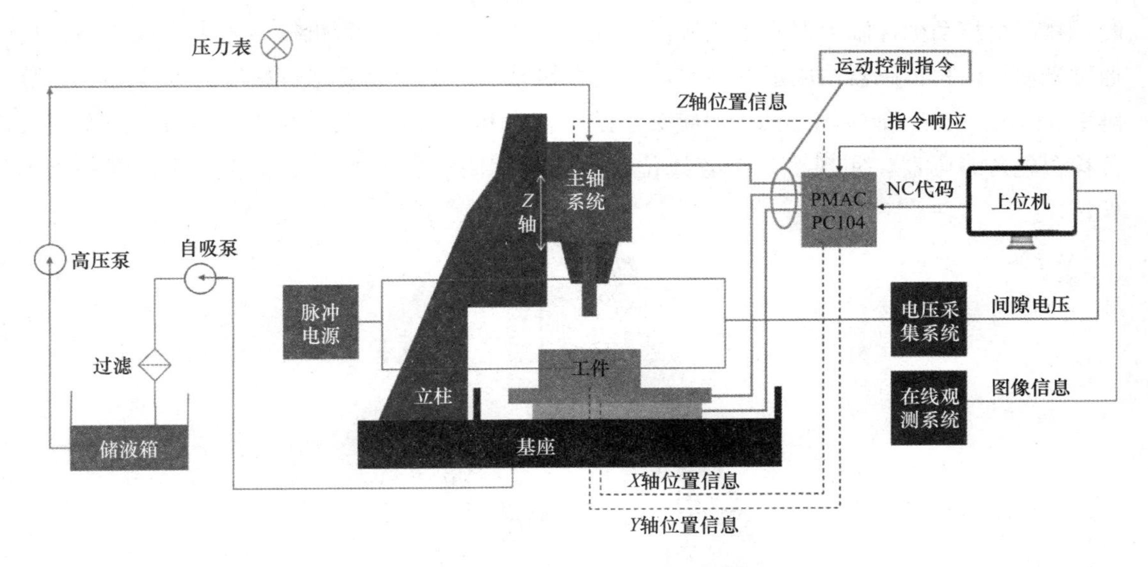

图 2-1　电火花铣削设备结构示意图

(3)脉冲电源主要由放电控制模块、放电检测模块和伺服控制模块组成[3]。其中，放电控制模块主要完成电参数的控制和 IGBT 放电主回路的控制；放电检测模块主要完成极间电压的实时检测和放电电流的实时检测；伺服控制模块主要完成电极运动速度的调整和发生短路时电极的快速回退。

2.2 电火花铣削设备机械系统设计

工件的加工质量和加工速度主要受复合精密加工系统的运动精度和伺服响应灵敏度制约，它们对整个系统的加工性能起着至关重要的作用。因此，高稳定性、高运动精度的机械系统的开发是必不可少的。

2.2.1 三维工作台校验

为了能实现三维结构的铣削加工，采用了铣削机床现有的三维工作台，其总体结构如图 2-2 所示，主要由 X、Y、Z 轴直线位移台，旋转主轴系统，立柱，基座等构成。三维工作台的作用是实现工件在水平方向的定位和主轴在 Z 轴方向的运动，并且在 X、Y、Z 轴三个运动方向上有足够的行程。当进行电火花加工时，间隙放电状态为开路时，旋转主轴能够快速进给；间隙放电状态为短路时，旋转主轴能够快速回退。因此，X、Y 和 Z 轴直线位移台应具有足够大的行程、灵敏的伺服响应和足够高的进给分辨率。加工系统中的 X 轴、Y 轴和 Z 轴均为直线位移台，其中 X、Y、Z 轴行程为 1 000 mm×500 mm×500 mm。同时，在三个移动坐标轴上都采用交流伺服电动机加滚珠丝杠进给机构。三个直线位移台均通过光栅尺位移传感器构成了位置闭环。复合精密加工系统重复定位精度为 0.01 mm、分辨率为 0.01 mm，能够满足加工系统关于定位精度和分辨率的设计要求。通过为三个直线位移台配备编码器，实现了三个直线位移台的速度闭环，为加工系统的运动精度提供了保证。

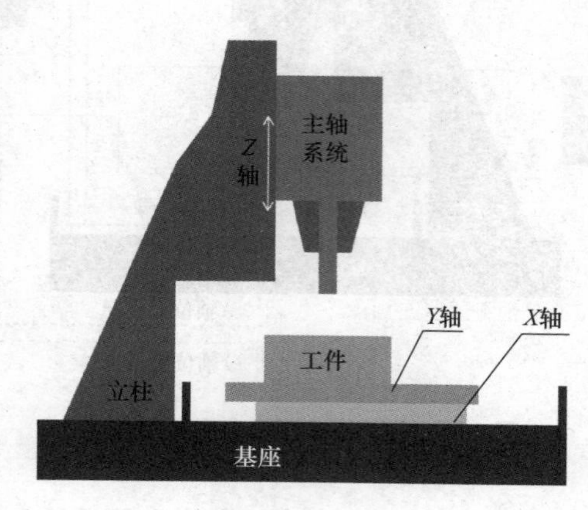

图 2-2　三维工作台结构

高速旋转主轴系统不仅在铣削过程中为铣刀提供足够的切削速度以实现材料的去除，而且在电火花加工过程中，主轴的旋转有助于电蚀碎屑的排出[4]。立柱主要负载来自 Z 轴直线位移台和空气涡轮主轴的重力，为保证系统的刚度，三轴铣削机床本身是采用整体铸造工艺及时效处理。

在电火花加工过程中，工具电极与工件之间的放电间隙距离小，因此，需要高灵敏度的伺服响应才能保证工具电极的快速进给与回退。而高灵敏度的伺服则相应需要以高刚度的加工系统为前提。另外，由于加工系统的加工对象会有尺寸较小的零件，需要 X、Y、Z 轴直线位移台具有很高的位置精度和相对位置精度。因此，选用高精度、高刚度的床身基座，才能保证系统的整体加工性能。基座应当采用介电常数大、绝缘性能好的材料，且具有较强的吸振和隔振能力，因此，对原有的基座进行了改造，采用了花岗石材料平台作为基座。

2.2.2　旋转主轴系统

在加工系统中，铣削加工性能的一项重要指标是主速，也是铣削机床主轴设计时最先考虑的问题。考虑到铣削使用的电极直径可能会比较小，若达到工件材料所决定的切削速度，则需要很高的主轴转速，因此，高转速的主轴是铣削系统的关键[5]。

铣削加工的切削速度表示为

$$V_c=\frac{\pi \cdot d \cdot n}{1\,000} \tag{2-1}$$

式中 V_c——切削速度(m/min);

d——铣刀有效切削直径(mm);

n——主轴转速(r/min)。

考虑到采用硬质合金铣刀进行铣削加工时，通常使用的切削速度为 100 m/min$<V_c<$200 m/min，假设在微铣削过程中，微铣刀的直径为 0.5 mm，材料为硬质合金，那么主轴的转速则应为 6.3×10^4 r/min$<n<12.7\times10^4$ r/min。

在进行电火花加工时，将工具电极装夹在主轴上，能够使工具电极实现低速旋转。当工具电极进行低速旋转运动时，使间隙工作液产生周向流场，进而促使电蚀碎屑沿着间隙流场作周向运动，并减少二次放电等不良现象的发生。通过理论研究与试验分析发现工具电极低速旋转对间隙放电蚀除过程有如下影响[6]:

(1)当工具电极随着主轴低速旋转时，放电间隙内的流体在黏性阻力的作用下会产生周向回转，进而能有效减少工具电极与工件之间的短路和二次放电等现象的发生，改善了极间放电状态。

(2)在电火花加工过程中，由于放电点的集中，容易造成电极损耗的不均匀，如果电极没有回转运动，那么电极损耗不均匀性所造成的形位误差将直接影响工件的形状精度。

(3)电极随着主轴旋转，使放电间隙内的流体产生螺旋线的流场，便于促进电蚀碎屑的排出和集中放电现象的减少。

综上所述，为了给刀具提供足够的切削速度，以及在电火花加工过程中能使电极实现低速旋转，本节对主轴进行了改进，选用空气涡轮主轴，最高转速达 150 000 r/min，最大输出功率为 21 W，主轴夹头可夹持刀具柄径的范围为 1～50 mm。另外，通过控制输入主轴的压缩空气的压力能够实现对主轴转速的调整。而且，此调节过程为无级调速，只要能够精确地控制压缩空气的压力，就能控制主轴的转速，主轴最低转速可达 60 r/min。该主轴既能满足在微细加工过程中给刀具提供足够的切削速度，与此同时，还能满足在微细电火花加工过程中，电极的低速旋转运动。

2.2.3 在线观测系统

在电火花加工中，工件的形状精度和表面质量很大程度上受到工具电极的形貌与尺寸的影响。如果能在加工过程中实时观测工具电极的形貌和尺寸，则能较好地提高工件的成形精度和表面质量。为了能够实时精确地观测电极，为加工系统开发设计了 CCD (Charge Coupled Device)在线观测系统。如图 2-3 所示，在线观测系统由物镜、图像传感器、图像采集卡和视频显示器组成[7]。物镜为美国 Thorlabs 公司的 RMS4X 物镜，该物镜具有大数值孔径，非常适合 CCD 成像应用，放大倍数为 4 倍，分辨率为 1.5 μm，工作距离为 18.5 mm。图像传感器采用格科 GC5004 芯片，CCD 的分辨率为 1.1 m。图像采集卡为大恒 DH-CG410，该采集卡集成度高、功耗低，占用极少的 CPU 处理时间即可将采集到的图像数据传回，因此，可几乎无延迟地将被观测对象的图像传送到计算机内存，以供用户参考。

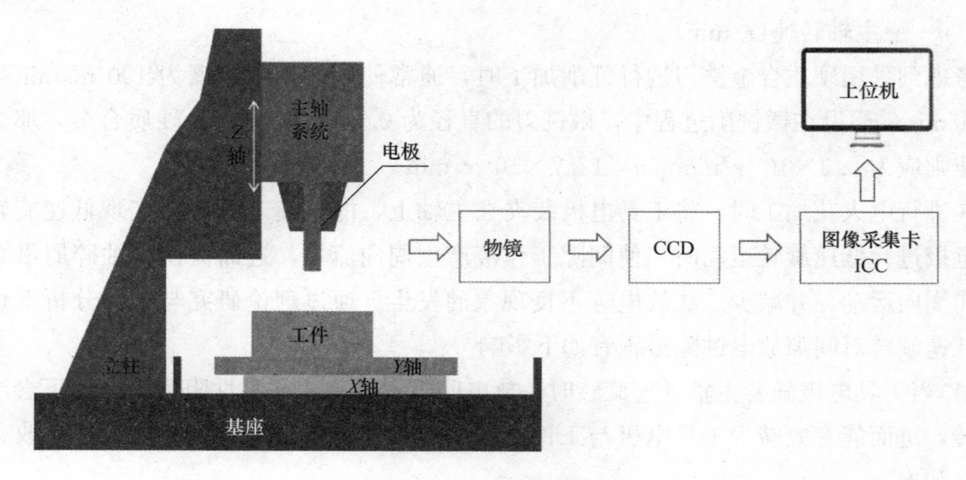

图 2-3　在线观测系统

该在线观测系统对工具电极进行在线测量前，需要通过标准件对测量系统进行标定。标定完成后，即可对在加工过程中的工具电极进行表面形貌观测和尺寸测量，有效提高了被加工件的成形精度和尺寸精度。

2.2.4　工作液供给系统

工作液循环系统的设计需要电火花和铣削二者的特殊性，一方面在铣削过程中需要切削液来提供冷却和润滑作用，另一方面在电火花加工过程中需要煤油来进行间隙火花放电。电火花加工的对象通常都是深径比较大的结构，工具电极和工件之间放电间隙狭小，而且放电面积集中，往往导致在放电过程中产生的电蚀碎屑不能顺利排出，影响放电蚀除过程的稳定进行。当采用低压冲液的方式供给工作液时能有效提高间隙流场排出电蚀碎屑的能力，相应地能有效减少短路和二次放电等不良现象的发生，提高加工效率和精度[8]。

为了实现不同加工方式提供不同的工作液，本节通过 PMAC 的 IO 附件 ACC-34AA 输出的开关量来控制两位两通电磁阀(常闭型)K_1、K_2。当 K_1、K_2 断电，泵开始工作时提供给工作区域的工作液为切削液；当 K_1、K_2 通电时，提供给工作区域的工作液为煤油。在进行不同方式加工时，配合不同的 M 代码，就可以实现工作液的切换。

在实现了不同加工方式工作液供给的前提下，侧重考虑了在电火花加工过程中工作液的供给。工作液供给系统主要由异步电动机、容积式泵、液体过滤器、隔膜压力表、自力式平衡阀、液压压力控制阀、工作液储存箱等构成，如图 2-4 所示。通过上位机程序控制工作液供给系统的启停，对加工区域进行低压冲液。采用锥形小口喷嘴对加工区进行低压冲液，能够很好地改善放电间隙流场，提高间隙流场排出电蚀碎屑的能力。在工作液储存箱内，工作液通过液体过滤器对炭黑等颗粒杂质进行滤除，确保进入电火花加工区的工作液是清洁的、无杂质的[9]。

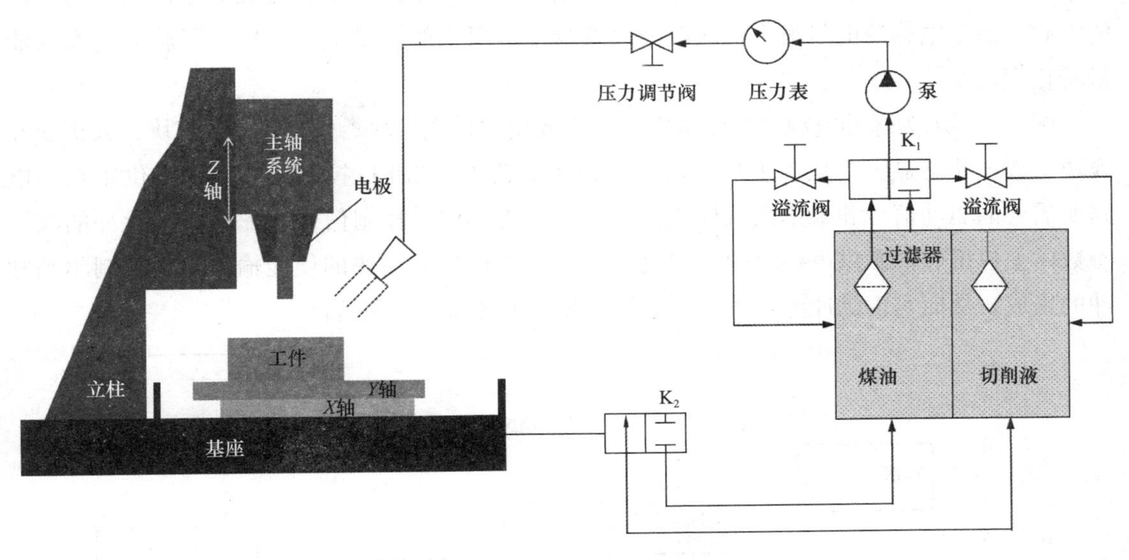

图 2-4　工作液循环系统

2.3 电火花铣削设备脉冲电源设计

脉冲电源作为电火花系统的核心组成部分，其性能很大程度上取决于电火花铣削设备的加工性能，目前正朝着节能、高效、智能化的方向发展，相关厂家纷纷推出了其节能型产品。但受限于我国的社会经济发展水平，就实际应用情况而言，在生产加工制造领域，传统电阻式高耗能脉冲电源依然占很大的比例，尽管目前市面上已有高效节能型产品，然而价格与传统的电阻限流型脉冲电源相比通常比较昂贵，对于加工制造企业而言，进行大规模的生产设备的更新换代，成本高昂[10]。因此，研发新一代高效、低成本的节能型线切割脉冲电源具有重大的现实意义。本节对电阻限流型和电感限流型脉冲电源的工作原理进行了对比分析，提出了一种通用高频分组脉冲的产生方法，并在此基础上提出了一种基于电感限流原理的高性能节能型脉冲电源设计方案。

2.3.1 Parallel-Buck 型脉冲电源

传统电阻限流型脉冲电源，由于采用电阻作为限流元件，在电极丝间歇放电的过程中，约 80%的能量都被电阻所消耗[11]，并最终以热的形式耗散掉，造成大量电能浪费。近年来随着以 IGBT、MOSFET 为代表的全控型器件的广泛应用，基于电感限流的无阻型脉冲电源技术成为降低 WEDM 脉冲电源能耗的有效手段之一。区别于电阻限流型脉冲电源，无阻型脉冲电源在电极丝放电的瞬间，利用电感电流不能突变的特性来实现对电极丝上的电流的限制，由于电感的电阻很小，从而极大减少了电阻上的能量损耗，提高了脉冲电源的能量转化利用率[12]。

图 2-5 所示为脉冲电源系统结构图。其主要由主供电模块、CPLD 控制模块、人机交互模块、放电状态显示模块、主功率模块等组成。其中，CPLD 控制模块负责提供主功率电路所需要的驱动信号和采集人机模块的输入，并将其作为控制信号来配置驱动脉冲的波形参数。上位机和伺服供电模块的反馈信号作为 CPLD 控制模块的使能输入端来控制驱动脉冲的生成，从而实现脉冲电源系统与机床伺服系统之间的协调运行。

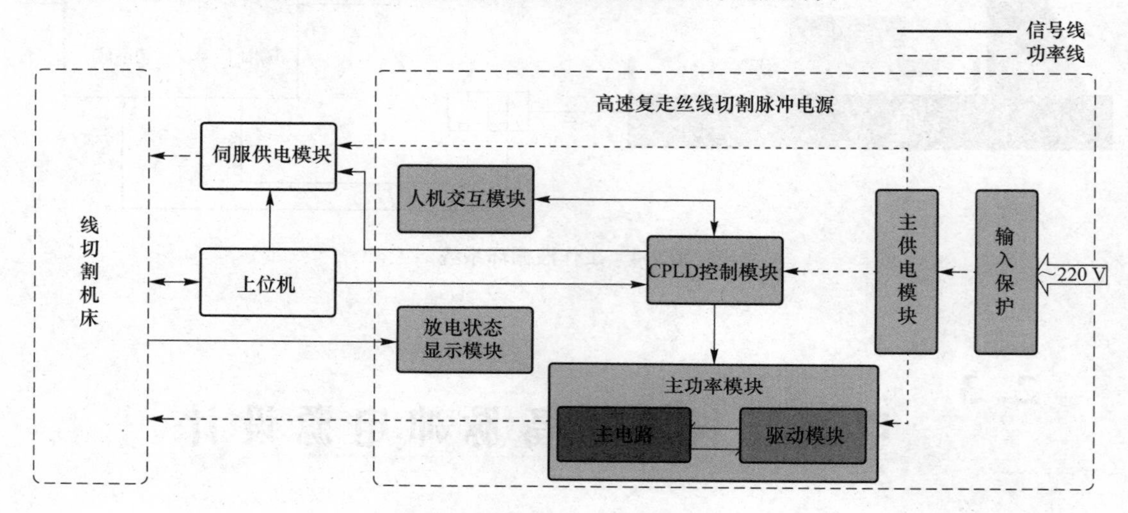

图 2-5　脉冲电源系统结构图

放电状态显示模块用来显示电极上的电压电流信息以便操作人员根据需要调整系统的工作状态。主供电模块经保护模块外接 220 V 交流电输入，并通过隔离多绕组变压器提供不同等级供电电压。系统主功率模块由驱动和主电路两个子模块构成。驱动子模块作为功率放大级，其作用有两个：一是对来自控制模块的驱动信号进行功率放大和隔离，保证其能够驱动开关管可靠开通/关断；二是提供过压过流保护，保证开关管安全运行。主功率电路采用 Buck 电路，通过多路并联提高脉冲电源电流输出能力。

2.3.2　主功率系统工作原理分析

脉冲电源的主功率部分由主电路、驱动电路、辅助供电电路、整流电路、过流保护电路、缓冲电路六个子模块组成。系统主功率模块功能框图如图 2-6 所示。

1. Parallel-Buck 电路工作原理分析

根据电火花放电原理易知，脉冲电源在正常工作时，输出始终在开路和类似于短

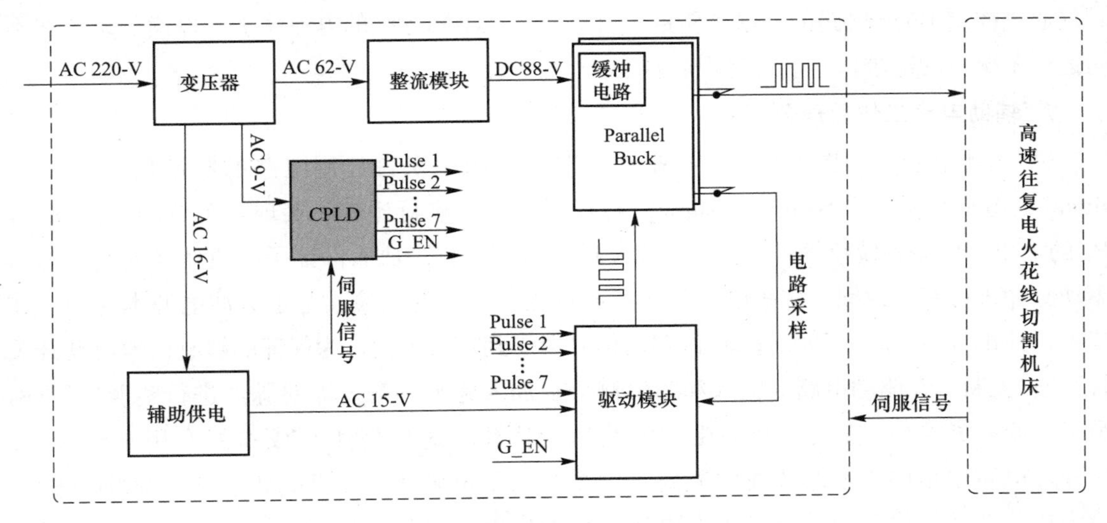

图 2-6　系统主功率模块功能框图

路的状态之间切换，当电极丝与工件之间的间隙未被击穿时，脉冲电源运行在开路状态；而当电极丝与工件之间的间隙被击穿后，间隙电压很快跌落到维持电压 $U_w=20$ V，脉冲电源输出电流瞬间上升到很高的水平，脉冲电源运行于类短路状态[13]。鉴于此，设计中采用并联 Buck 拓扑作为主功率回路，如图 2-7 所示，以满足低压大电流的输出特性。

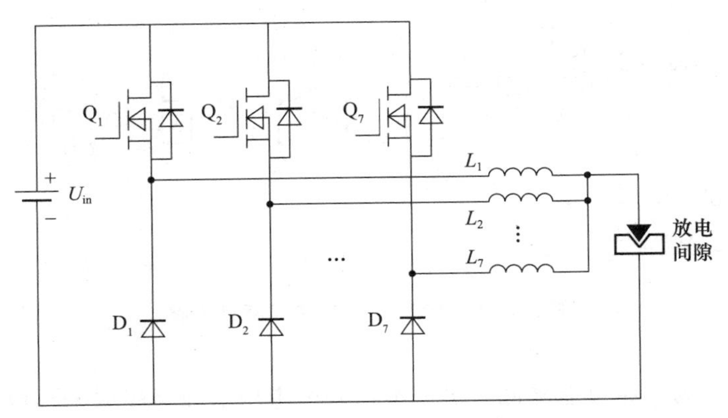

图 2-7　脉冲电源主电路拓扑

利用并联 Buck 电路的低压大电流输出特性可以很好地满足系统对于供电电源的要求[14]。图 2-7 中，当开关管 Q_x 开通时，电极丝与被加工工件之间的间隙电压为输入电压，当放电间隙中的电场强度达到放电间隙中的介质电离所需要的阈值时，间隙被击穿，电极丝迅速向工件放电，间隙电压很快下降到维持电压，此时，由于流经输出侧电感 L_x 的电流不能突变，在短时间内限制了流过电极丝的电流峰值，从而避免了电极丝因电流过大而被烧断。当开关管 Q_x 关断后，电感 L_x 中储存的能量通过二极管 D_x 加以泄放。脉冲电源工作时，通过控制 Buck 电路的并联支路数，就可以实现不同等级的电流输出，以满足系统在不同运行工况下的需求。

2. 辅助电路工作原理分析

(1)驱动电路。如图 2-8 所示，驱动电路原理图中来自控制电路的脉冲信号 Gate _ signal 与电流采样信号 Sample _ signal 通过比较器 P_1 进行比较，实现开关管的过流保护，P_1 的输出同伺服系统反馈信号 Gate _ EN 进行“与”运算，从而保证了在机床换向时能够对驱动脉冲进行有效封锁，减小电极丝在换向过程中断丝的风险。鉴于脉冲电源本身的工作特点，其正常工作时，开关管 Q_x 的驱动信号会受到较大干扰，为保证能够有效地驱动开关管开通/关断，在驱动电路的输入和输出侧分别加入施密特触发器对脉冲进行整形。另外，为了降低系统成本，需要对开关驱动电路进行优化，避免使用高成本的专用驱动芯片。另外，电路中不同类型芯片通常需要不同等级的供电电压，因此，需要设计辅助供电电路为这些芯片提供不同等级的供电电压，辅助供电电路的复杂程度与所需的电压等级数目密切相关，在成本控制要求严格时，需要从系统级角度去考虑，在设计选型时尽量统一各个芯片供电电压等级，以降低对辅助供电电路的要求[15]。本节充分考虑了这一点，驱动电路各个芯片所需要的电压等级均为 DC15V，所设计的 DC15V 辅助供电电路由隔离降压变压器、二极管整流桥 KBL410 和稳压芯片 L7815 构成，实现了低成本、高可靠性的驱动供电。

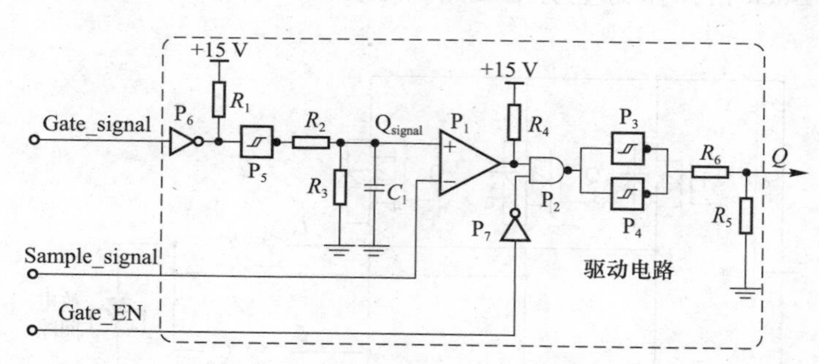

图 2-8 WEDM-HS 脉冲电源驱动电路

(2)保护电路。为了尽可能降低整机成本，采用主功率回路串联采样电阻的方式实现开关管的过流保护，如图 2-9 所示。采样电阻 R_1 将流过开关管的电流信号转化为电压信号，经电阻网络 R_2 和 R_3 分压后，通过比较器 P_1 与 CPLD 控制板产生的驱动脉冲信号进行比较，进而实现对开关管的过流保护，对电阻网络 R_2 和 R_3 进行调整可实现电流保护阈值的调整。当采样信号幅值大于驱动脉冲幅值时，比较器 P_1 输出低电平，驱动脉冲被封锁；当采样信号幅值小于驱动脉冲幅值时，比较器 P_1 输出跟随驱动脉冲变化，经后续调整电路实现对开关管的驱动[16]。

(3)缓冲电路。当 WEDM 脉冲电源正常工作时，开关管工作在高频开关状态，电路中 di/dt 较大，此时即便线路寄生参数很小也容易产生较大的电压尖峰，威胁开关管安全运行。因此，需要设置缓冲电路，吸收开关管工作时的电压尖峰，采用 RC 吸收电路作为缓冲电路，如图 2-10 所示。

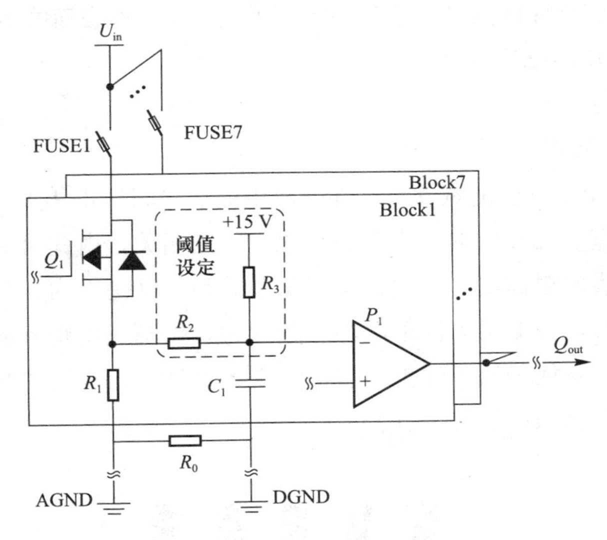

图 2-9 过流保护电路图

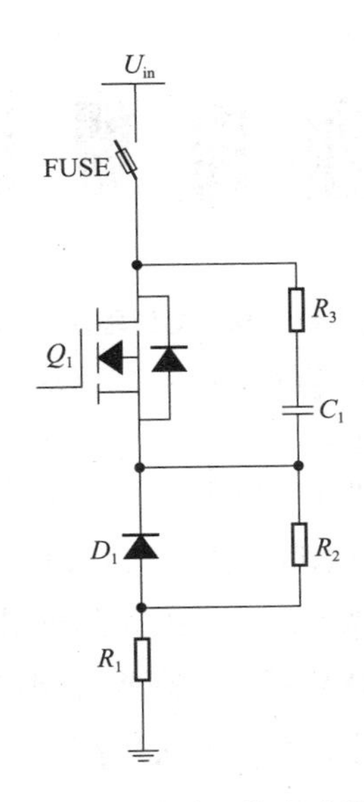

图 2-10 RC 吸收电路图

2.3.3 脉冲发生与控制

加工效率、工件表面粗糙度作为评价电火花加工优劣的两项重要指标，其通常受到电参数和非电参数两个方面的影响。从电参数角度考虑，这两项指标与控制电路所采用的驱动脉冲形式密切相关。在脉冲频率不变的情况下，机床的加工效率与单个脉冲所包含的能量正相关。而工件表面粗糙度满足以下经验公式[17]：

$$Ra \approx K_R \cdot t^{0.3} \cdot i_e^{0.4} \tag{2-2}$$

式中 Ra——微观轮廓平面度的平均算数偏差，用来表征工件表面的粗糙度；

K_R——常数，$K_R=2.3$；

t——脉冲宽度；

i_e——放电电流峰值。

由式(2-2)可知，单个脉冲的宽度与工件表面粗糙度之间呈正相关。而当脉冲电流幅值确定时，单个脉冲的宽度又与其本身所含能量的大小正相关，由此可见，单个脉冲所含能量大小与被加工工件表面粗糙度之间同样呈正相关关系。这是因为，当单个脉冲所含能量变大、机床每次放电时，被加工工件单次蚀除量变大，切割速度得到提升，但同时，单次蚀除坑变大，从而导致被加工的工件表面粗糙度变大。目前，常见的脉冲电源驱动脉冲有矩形波脉冲、高频分组脉冲，如图 2-11 所示。

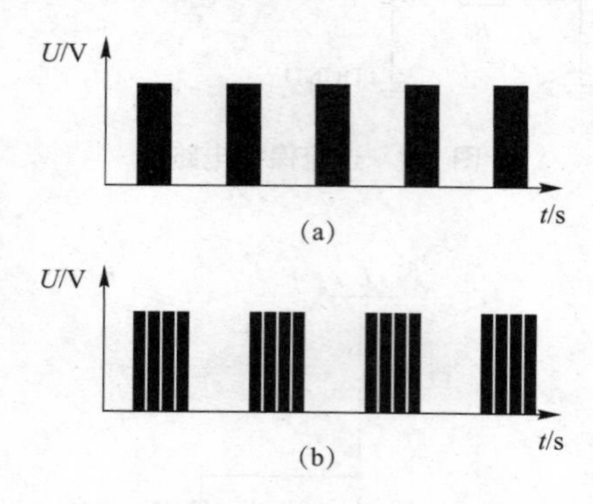

图 2-11 脉冲电源驱动波形

(a)矩形波驱动脉冲；(b)高频分组驱动脉冲

矩形波脉冲波形简单，具有实现成本低的特点。但矩形波脉冲存在工件表面粗糙度与机床加工效率难以兼顾的不足，当增大脉冲宽度时，由上述分析可知，机床切割速度加快，但工件表面粗糙度变大；相反，当减小脉冲宽度，降低被加工工件粗糙度时，又会导致机床切割速度下降[18]。相对于矩形波脉冲而言，高频分组脉冲驱动方案，一方面通过降低脉冲宽度降低了工件表面的粗糙度；另一方面则从提高脉冲的重复频率的角度入手，保证了机床的加工效率，从而在一定程度上解决了工件表面粗糙度与加工速度这两项指标之间的矛盾。值得注意的是，传统的脉冲电源多采用模拟电路产生驱动脉冲，然而，模拟电路结构复杂，抗扰性差且灵活性不高，不利于产品后续的升级优化。对此，提出了一种通用高频分组脉冲的数字实现方法。

(1)高频分组脉冲及其产生方法。本书采用高频分组脉冲作为开关管的驱动信号，以单组脉冲数为 4 的情况举例，其数字实现原理如图 2-12 所示。其中高频分组脉冲波由高频脉冲 G_1 与低频脉冲 G_4 做“与”运算得到。

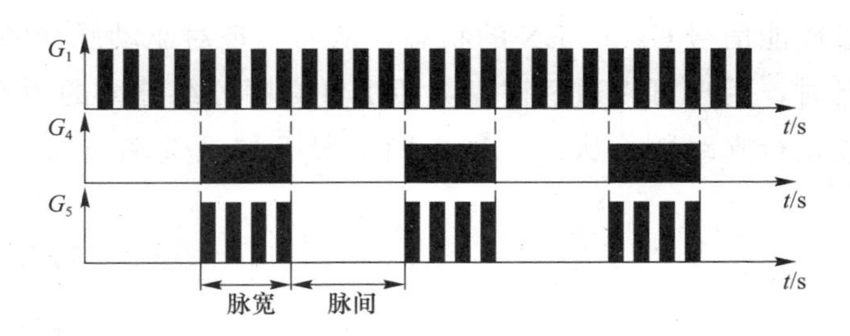

图 2-12　高频分组脉冲发生原理

另外，脉冲电源运行时，需要对输出电压脉冲的脉宽和脉间进行独立控制。其实现原理如图 2-13 所示。

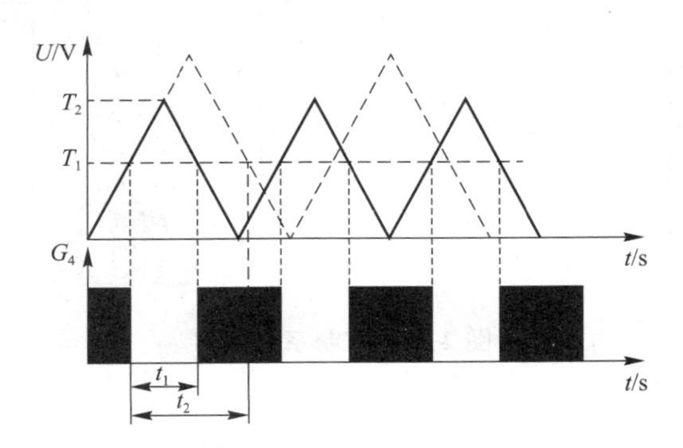

图 2-13　控制脉冲生成原理

具体数字实现时，对脉宽和脉间进行独立控制是通过对低频脉冲 G_4 的波形参数进行控制实现的，这里低频脉冲 G_4 是由三角载波与调制波 T_1 比较获得，因此，要对低频脉冲 G_4 的波形参数进行控制，就需要对三角载波和调制波 T_1 的幅值进行独立控制，进而实现对控制脉冲 G_4 周期和占空比的控制，最终实现对高频分组脉冲的脉间和脉宽的独立控制。在图 2-13 中，当需要改变单组脉冲的脉宽时，要求等比例增加三角波幅值 T_2 与调制波幅值，通过同步控制驱动脉冲的脉间和脉宽，使得脉宽/脉间为一常值，从而实现了单组驱动脉冲脉宽的控制；而当需要独立控制脉冲的脉间时，要求单独对三角载波的幅值 T_2 进行控制，当 T_2 增大时，由图 2-13 可知，控制脉冲 G_4 的脉宽将保持不变，而脉间宽度由 t_1 增大为 t_2，实现了对脉冲的脉间的独立控制；相反，当 T_2 减小时，易知，控制脉冲 G_4 的脉间也将随之减小。

(2)控制系统分析。控制系统结构如图 2-14 所示，采用 ALTER 公司的 MAXII 系列 CPLD 作为主控芯片，芯片的 3.3 V 供电电压由降压变压器输出的 9 V 交流电压经二极管整流桥、稳压芯片 L7805 和电源芯片 AMS1117-3.3 得到。控制系统发波状态通过 4 路 LED 灯进行显示。另外，脉冲电源与机床伺服系统的协调运行由上位机通过控制继电器间接实现，3.3 V 状态指示信号通过继电器与 CPLD 相连，当上位机控制机床换向时，同时发出指令控制继电器常开触点闭合，CPLD 实时监测相应引脚的状态，以此控制门极使能信号 Gate_EN 的状态，从而实现对驱动脉冲的封锁。当脉冲电源工作于不同工况时，用户可以通过键盘灵活配置高频分组脉冲的单组脉冲数、脉宽、脉间及主电路并联运行支路数，从而实现不同工况下加工效率与加工精度两项指标的协调控制。

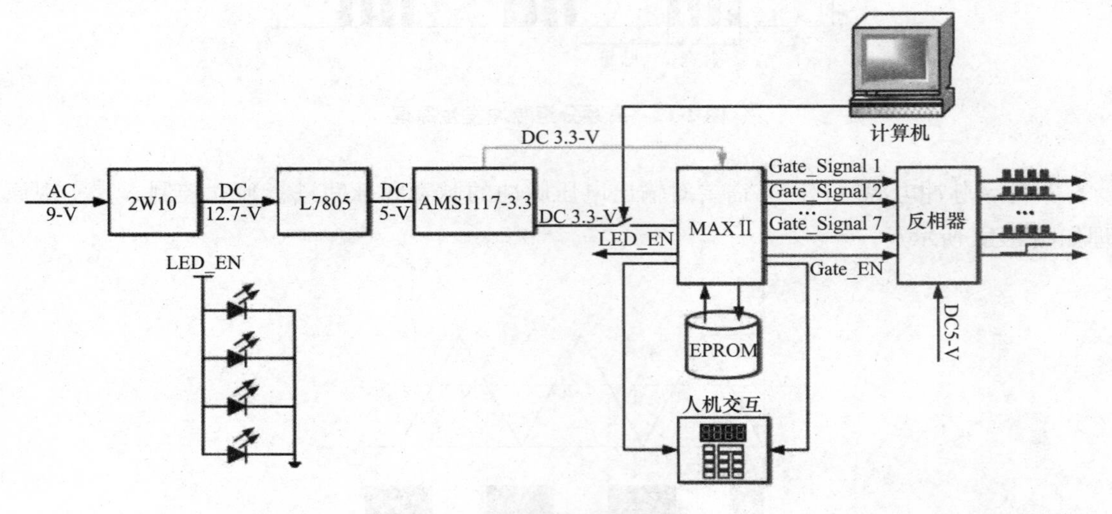

图 2-14 控制系统结构

2.4 电火花铣削设备数控系统设计

2.4.1 硬件设计

本研究选用 PMAC(Programmable Multi-Axis Controller)PC104 多轴运动控制器作为微型结构的铣削与电火花复合加工系统数控系统的核心硬件。PMAC 多轴运动控制器是一个开放式的硬件平台，提供了与伺服驱动单元、光栅和编码器反馈信号、标志位信号连接的接口，并提供了大量的 I/O 接口。PMAC 多轴运动控制器能够实现插补运算、伺服控制、刀具半径补偿，还支持 G、M、S 和 T 代码，与 CAD/CAM 软件相配合即可实现三维数控加工[19]。

基于 PMAC 多轴运动控制器进行数控系统的开发，一方面可实现三轴联动数控加工，另一方面也能完全满足开放式数控系统的要求[20]。基于 PMAC 的复合微细加工数控系统的硬件结构如图 2-15 所示。通过 RS-232 串口将 PC104 与上位机连接并通信，编码器和驱动器通过 JMACH 端子与 PC104 连接并通信。PC104 板卡的数字电路和模拟电路是光电隔离的，数字电路工作所需要的 5 V 直流电源由其内部通过 TB1 端子来提供，而模拟电路则需要外部 15 V 的直流电源通过 TB1 端子来提供。

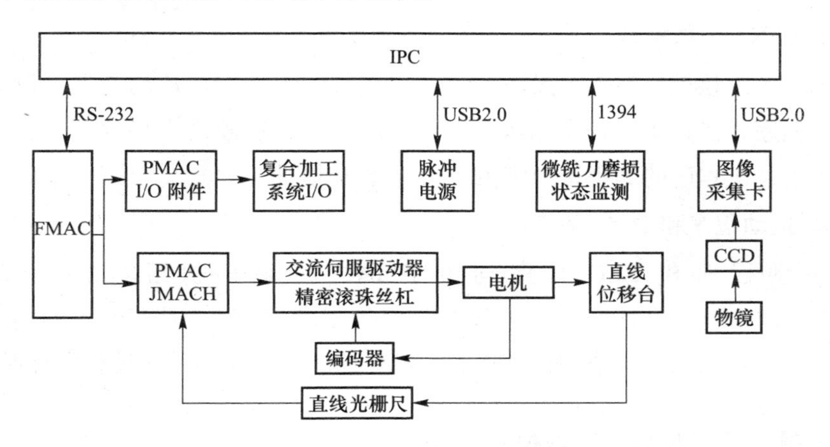

图 2-15　数控系统硬件结构

2.4.2 软件设计

微型结构的铣削与电火花复合精密加工系统的数控系统的软件结构如图 2-16 所示。数控系统软件由 Windows NT 用户空间程序(应用软件)、Windows NT 内核模块(支撑软件)、PMAC 运动程序和 PLC 程序(系统软件)组成[21]。

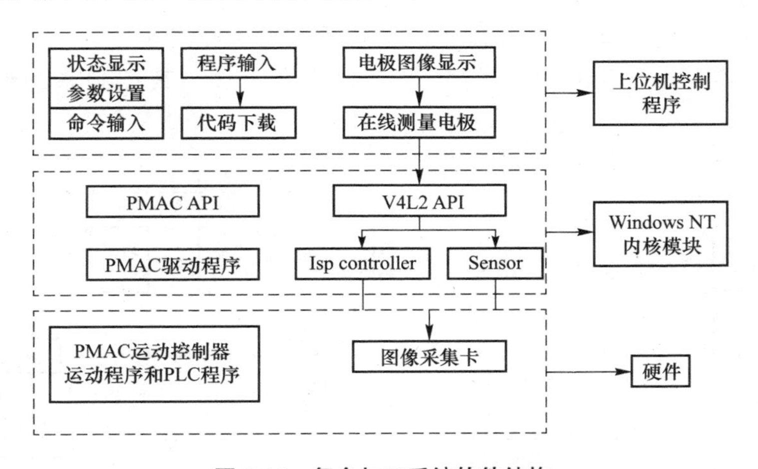

图 2-16　复合加工系统软件结构

1. 上位机控制程序

上位机控制程序在 Windows NT 系统虚拟的内存地址空间上运行，该程序接收用户的命令输入、参数设置和代码输入，经译码后传输到内核模块，由内核模块通过操作相应的接口程序实现相应的动作，例如，X、Y 和 Z 轴直线位移台的运动，电火花加工中进给量、回退量的设置及开路电压、峰值电流的设置。同时，上位机控制程序通过与 PMAC 内部的 DSP 通信来更新复合精密加工系统当前各运动轴的状态信息，便于工作人员实时观测。

2. Windows NT 内核模块

Windows NT 内核模块在 NT 操作系统的内核空间上运行，从功能上可以分为两个部分，一是驱动程序；二是用户程序 API。驱动程序负责控制硬件设备的工作，而硬件设备与用户空间的上位机程序的编程接口则由 API 函数来提供。

3. PMAC 运动程序和 PLC 程序

PMAC 运动程序和 PLC 程序均由 PMAC 的 DSP 执行，由于 PMAC 采用 MOTOROLA DSP5600 作为控制卡主处理器 CPU，因此 PMAC 具有强大的实时多任务的能力，对微细电火花加工过程中的运动控制和过程控制的时间及时性具有可靠保证。

2.4.3 基于 PMAC 的直线位移台的运动控制

PMAC 多轴运动控制器为闭环控制提供了常用的 P(比例)I(积分)D(微分)运动控制算法，用于对闭环性能的校正和调整[22]。对于各种不同的运动控制系统，其被控对象千差万别，因此，PID 参数也必须进行相应的调整，以满足系统性能要求。PID 参数的整定可分为理论计算法和试验调整法，而在实际工程中常常采用试验调整法。为了使工作台获得良好的稳态特性和动态特性，需要对位置环的 PID 参数进行校正和调整。针对铣削与电火花复合加工系统提出的设计要求，每个移动坐标轴通过高分辨率的光栅尺构成了位置闭环。为满足复合精密加工系统的运动精度需求，三个移动坐标轴均配有 13 线编码器，编码器的输出信号将作为速度闭环。其控制系统框图如图 2-17 所示。

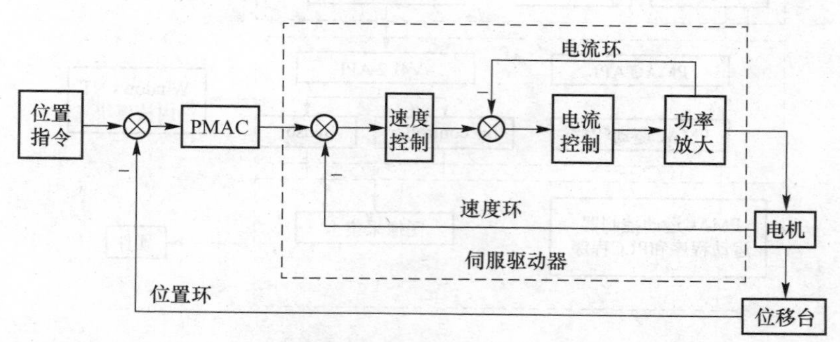

图 2-17 直线位移台控制系统框图

通过 PMAC 提供的 PEWIN 软件对 X、Y、Z 轴的闭环性能进行校正和调整。以 Z 轴为例，通过调整 PID 调节器的参数，最终得到了比较理想的阶跃响应曲线和抛物线响应曲线，分别如图 2-18 和图 2-19 所示，加工系统的性能指标为：上升时间 31 ms、调整时间 42 ms、超调量 0.5%、跟随误差 −1.4～1.8 μm，完全满足铣削和电火花加工的要求。

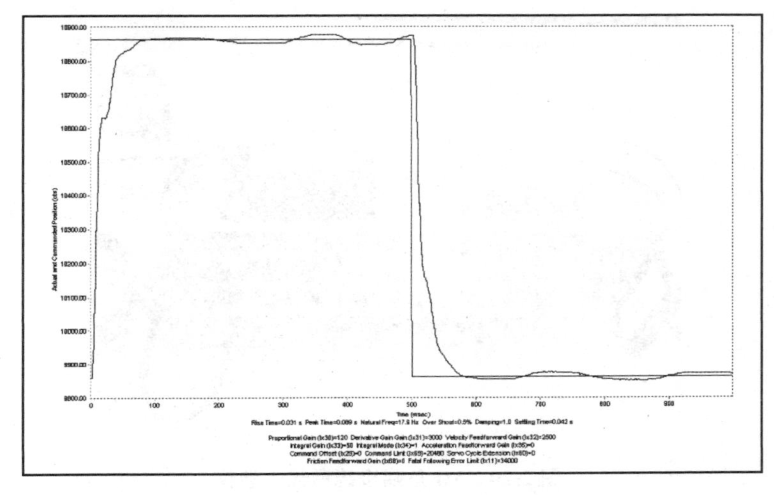

图 2-18　伺服系统的阶跃动态响应

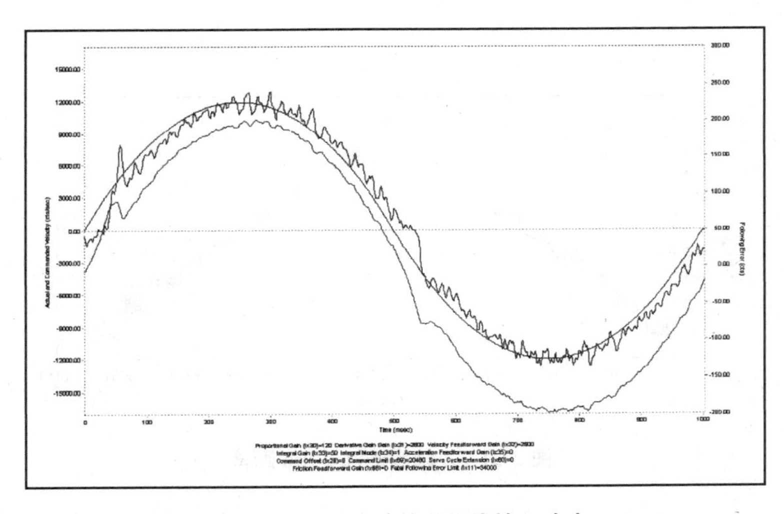

图 2-19　伺服系统的抛物线输入响应

2.4.4　直线位移台运动精度测试

通过 PID 参数整定对三个直线位移台都完成系统校正和调整后，利用德国 SIOS 公司 MI 系列角隅棱镜激光干涉仪对其运动精度分别进行了测试。该仪器采用高度稳频的 He-Ne 激光作为长度基准，能够对环境因素引起的激光波长变化进行修正，且仪器本身不含线性误差，最大的测量距离可达 5 m，分辨率为 1 nm，如图 2-20 所示。

经调整后，Z 轴的重复定位精度、分辨率、静态特性结果如图 2-21 和图 2-22 所示。从图中可以看出，Z 轴经过调整后的重复精度达到 0.3 μm/50 mm，分辨率达到 0.2 μm，静态振荡为 0.05 μm。由运动精度测试结果得知，经 PID 参数调整后，复合精密加工系统的运动精度满足设计要求。

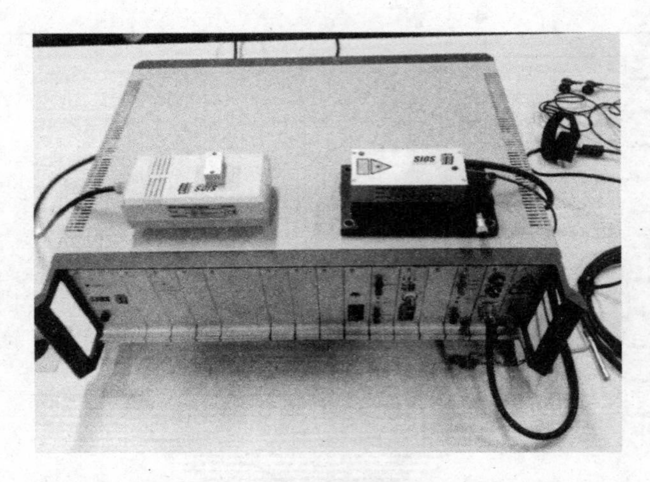

图 2-20　MI 角隅棱镜激光干涉仪

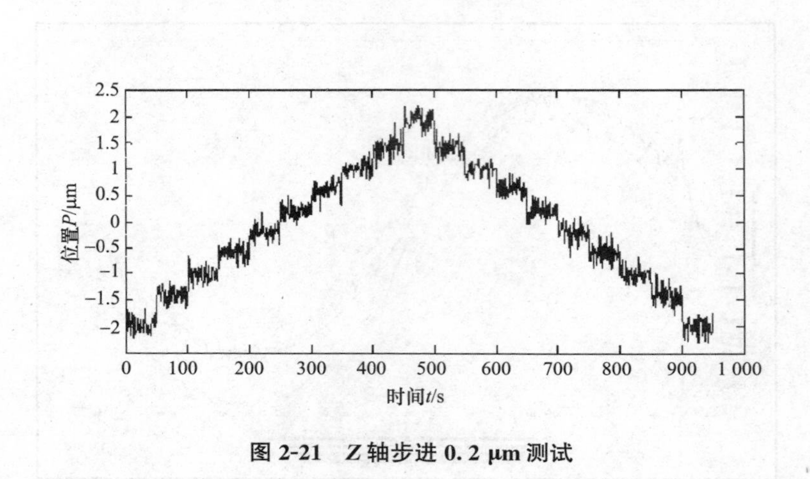

图 2-21　*Z* 轴步进 0.2 μm 测试

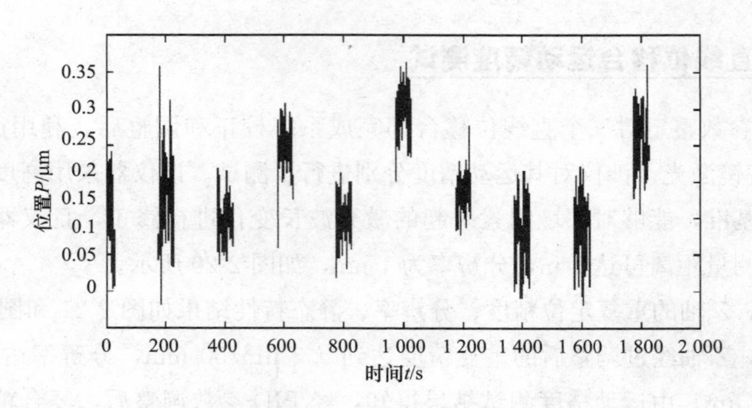

图 2-22　*Z* 轴 50 mm 重复定位精度测试

2.5 电火花铣削设备电极运动控制

根据放电波形的不同，电火花的放电状态可以分为五种，即开路、火花放电、不稳定电弧、稳定电弧和短路，如图 2-23 所示。在已有的电火花设备中，根据加工经验，稳定电弧放电会烧蚀加工表面，不能实现有效的材料蚀除，加工中只将具有一定放电击穿延迟的火花放电和部分不稳定电弧放电应用于材料蚀除[23]。因此，在脉冲电源设计和电极运动伺服控制策略的制定过程中，要防止放电状态向稳定电弧放电转变，同时，还要设计专门的检测电路和识别方法，使得放电检测电路和伺服控制策略的设计非常复杂。

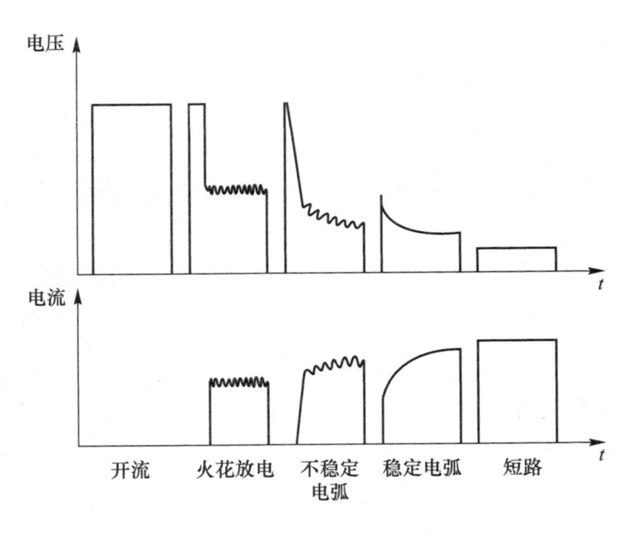

图 2-23　放电波形分类

与成形电火花加工相比，在放电铣削加工中，极间具有高压冲液，工作液高速流经放电间隙时，能够将熔融状态的工件材料冲离基体，并以蚀除颗粒的形式快速冲出放电间隙，达到有效材料蚀除的效果。在电弧放电过程中熔化的工件材料也能够被冲出放电间隙，实现有效的材料蚀除。与此同时，在放电铣削加工中，电极的高速转动能够有效移动放电点，改善极间放电状态，防止电弧放电重复发生的同一位置烧蚀工件表面。因此，在放电铣削加工中，由于电极转动和高压冲液的作用，电弧放电能够实现有效的材料蚀除，当放电状态为稳定电弧时，电火花加工能够继续进行，将火花放电和电弧放电同时应用于材料的蚀除加工中，能够起到简化伺服控制策略设计、提高放电稳定性和加工效率的效果。

电极运动速度伺服调整策略如图 2-24 所示，基于极间平均电压，放电状态被分为开路、电火花加工和短路三种状态。由于电极转动和工作液流动的影响，极间发生短路时电压并不会稳定在 0，当检测到的极间平均电压低于 10 V 时极间已发生短路。极间发生短路时，工具电极正常的加工轨迹运动会被中断，数控系统会控制电极执行回退动作从而终止短路状态。针对不同的电火花加工状态，极间平均电压在 10～40 V 时，电压被分为 120 个等级，每个电压等级对应一个伺服进给调整倍率 $f(U_{\mathrm{ave}})$，基于预先设定的进给速率 v，电极运动速度会根据 $f(U_{\mathrm{ave}})\times v$ 的结果而实时调整。当检测的极间平均电压为 40 V 时，脉冲电源处于开路状态，电极以预设速度 2 倍的进给速率运动。

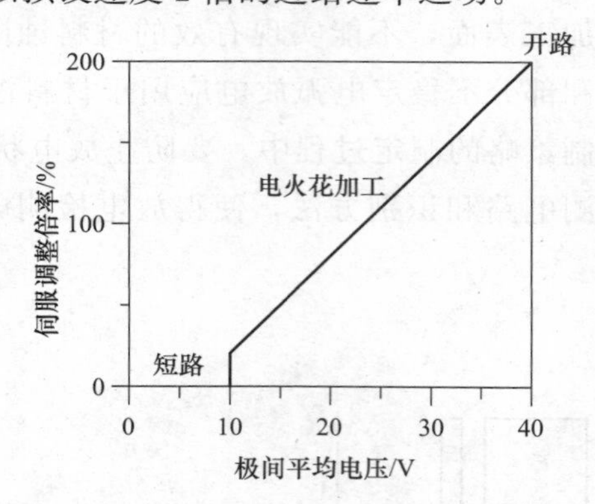

图 2-24　基于极间平均电压的伺服调整策略

采用基于极间平均电压的伺服控制策略，放电铣削加工的放电波形如图 2-25 所示。火花放电、不稳定电弧放电和稳定电弧放电都有发生，其中大部分的放电为稳定电弧放电，只有小部分的放电为不稳定电弧和火花放电，这表明伺服控制策略将电弧放电应用于加工中，并能够有效控制不稳定电弧和稳定电弧放电状态向短路状态的转变。

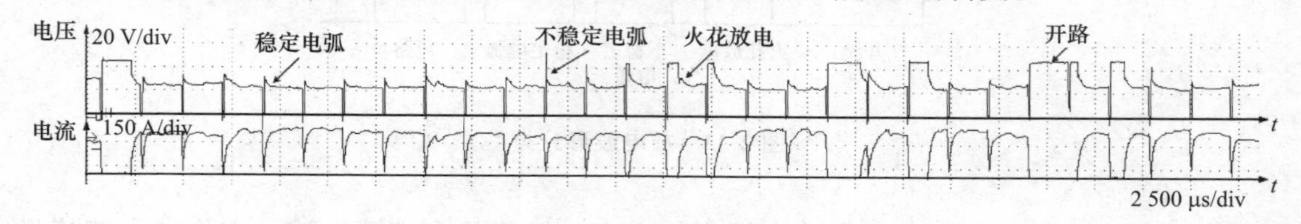

图 2-25　放电铣削加工的放电波形

同时，统计分析了连续 1 000 次放电的放电状态分布，结果如图 2-26 所示。加工中，55.9％的放电发生在稳定电弧状态，这表明大部分的材料去除是由稳定电弧电火花加工实现的，火花放电状态占总放电的 22.8％，起到了改善加工表面质量和防止电弧放电向短路发展的作用。

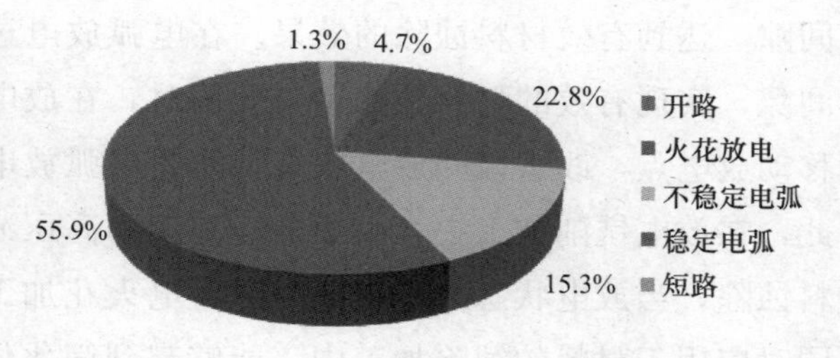

图 2-26　放电波形分布比例

2.6 电火花铣削设备加工极性选择

放电等离子体通道形成后，在脉宽时间内，高能量的等离子体柱会以热传导、热辐射的形式熔化甚至汽化电极和工件材料，因此，放电能量在两极的分配会直接影响材料熔化、汽化的效果。

在放电过程中，传递到电极表面的能量主要包含高速运动粒子通过撞击所传递的能量、等离子体柱通过辐射传递的能量、等离子体柱周围高温高压气体通过撞击传递的能量，以及极间被汽化的金属蒸汽传递的能量。在这四种能量传递方式中，辐射、气体撞击和金属蒸汽传递的能量都相对较小，因此，传递到正极表面的能量主要是通过高速运动电子撞击表面实现的，传递到负极表面的能量主要是通过高速运动正离子撞击表面实现的。

单次放电正极获得的能量为[24]

$$W_a = (U_a + \frac{\varphi_a}{e} + \frac{2kt}{e})\int_0^{t_{on}} i(t)\mathrm{d}t \tag{2-3}$$

式中 U_a——正极压降(V)；

φ_a——正极材料的电子逸出功(J)；

e——电子电荷($e=1.6\times10^{-19}$ C)；

k——玻尔兹曼常数($k=1.38\times10^{-23}$ J/K)；

t——放电等离子体通道温度(K)；

t_{on}——放电脉宽(s)；

i——放电电流(A)。

传递到负极表面的能量有一部分被用于发射电子，因此，负极表面既有正离子的流入也有电子的流出，所以单次放电负极获得的能量为

$$W_c = \left[a(U_c + \frac{2kt}{e}) + U_i - \frac{\varphi_c}{e}\right]\int_0^{t_{on}} i_p(t)\mathrm{d}t - U_e\int_0^{t_{on}} i_e(t)dt \tag{2-4}$$

式中 a——正离子在负极的聚集系数($a\leqslant1$)；

U_c——负极压降(V)；

U_i——正离子电离电位(V)；

φ_c——负极材料的电子逸出功(J)；

i_p——负极处正离子电流(A)；

i_e——负极处电子电流(A)。

通过正极和负极的能量传递公式可以看出，当电极材料和工作介质及其冷却方式不发

生变化时，放电能量分配到正极和负极的比例是固定的，正极获得的能量在任何情况下都要比负极的多，这与 Xia 等对极间放电能量分配研究的结果相符[25]。后续对能量分配的分析中，分别以 f_a、f_c 和 f_d 表示在放电过程中分配到正极、负极和工作介质的能量比例。

虽然放电中传递到正极表面的能量比负极的多，但是在实际加工中，由于极间还会发生一定的高温物理化学反应，因此，电火花的加工效果还会受到电极材料、工件材料及工作介质物理特性的影响，所以，针对不同的加工条件，需要根据实际加工要求选择加工极性。

目前，电火花加工采用的还是以煤油为代表的油基工作液，在放电过程中，包围在放电通道周围的油基工作液被高温分解，在极间形成部分游离状态的碳微粒，随着放电时间的延长，这些游离状态的碳微粒会吸附到正极表面形成一层碳化膜，由于碳的熔点高、导热性差，碳化膜的存在能够有效地减小单次放电正极表面的材料蚀除量。因此，采用熔点较低、导热性优良的铜作为电极材料时，选择电极接正极，有利于在铜表面形成一层碳化膜，从而有效降低电极损耗。当加工钢等含有碳元素的材料时，如果将工件连接正极，工件中的碳元素与放电通道周围游离状态的碳微粒有效结合，使得电火花加工很难持续进行，因此，加工含碳材料时，工件要接负极，在加工不含碳材料时，需要根据是否会在正极表面形成碳化膜来决定加工极性的选择。

当工作液为水基乳化液时，水被热分解为氢气和氧气的温度为 4 300 K，而等离子体放电通道的中心温度会超过 10 000 K，使得包围在放电通道周围的部分水会被高温分解，在极间产生一定量的氢气和氧气，当极间氢气和氧气含量较高时，容易在极间发生小范围的爆炸，因此，在水中进行电火花加工时偶尔能够听到清脆的爆鸣声。水基工作液中的乳化液在高温条件下也会被热分解出少量的碳微粒，但是由于工作液中乳化液的含量只有 5%，游离状态的碳微粒量非常少，同时加工中工作液高速流过放电间隙，使得碳微粒无法吸附到正极表面，不能够在正极表面形成碳化膜，因此，水基乳化液中的电火花加工适合采用正极性加工。

在油基工作液中，由于碳化膜对正极的保护作用，一般采用铜作为正极电极，在水基工作液中，这种保护作用不复存在。采用铜作为电极时，由于铜的熔点较低，电极损耗严重，因此，水基工作液中电火花加工，适合选择熔点更高的石墨作为电极材料。为了验证电极极性选择的重要性，采用表 2-1 所示的加工参数，通过试验研究加工极性对放电铣削加工效果的影响。

表 2-1 加工极性试验参数

加工参数	设定值
电极材料	石墨
工件材料	钛合金 TC4
工作介质	水基乳化液

续表

加工参数	设定值
脉宽/μs	1 000
脉间/μs	100
电流/A	300
切削厚度/mm	2
电极直径/mm	外径 20、内径 6
冲液压力/MPa	1.5
电极转速/r/min	600

放电铣削加工材料去除率 MRR 的计算公式为

$$MRR=\frac{L_{\text{groove}}W_{\text{groove}}d_{\text{groove}}}{\Delta t} \tag{2-5}$$

式中 L_{groove}——加工沟槽的长度(mm)；

W_{groove}——加工沟槽的宽度(mm)；

d_{groove}——加工沟槽的深度(mm)；

Δt——加工沟槽所用的时间(min)。

放电铣削加工电极损耗率 TWR 的计算公式为

$$TWR=\frac{\Delta V_{\text{electrode}}}{V_{\text{groove}}} \tag{2-6}$$

式中 $\Delta V_{\text{electrode}}$——电极损耗体积($mm^3$)；

V_{groove}——加工沟槽的体积(mm^3)。

放电铣削加工中，电极极性对材料去除率和电极损耗率的影响如图 2-27 所示。电极接负极时放电铣削的加工效率比电极接正极时高出 30%，而电极损耗却只有电极接正极时的 1/3。因此，在水基工作液中，进行放电铣削加工时，电极接负极更有利于提高加工效率降低电极损耗。

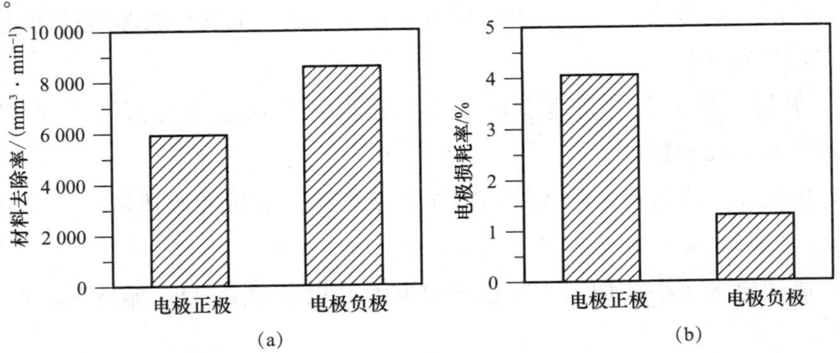

图 2-27 加工极性对放电铣削加工效果的影响

(a)材料去除率对比；(b)电极损耗率对比

2.7 本章小结

本章研究了将普通三轴铣削机床改造为数控电火花铣削机床，设计了总体方案，包括机床本体、数控系统和脉冲电源。针对机械系统，在校验三维工作台的基础上，应满足高精度、高刚度，以及介电常数大、绝缘性能好等要求，改造使用花岗石材料平台为基座；对主轴改进，使用空气涡轮主轴，通过控制输入主轴的压缩空气的压力，控制主轴转速，最低可达 60 r/min；为实时精确观测电极，设计了 CCD 在线观测系统；设计可提供两种工作液的供给系统，满足电火花和铣削不同加工的需要。研究了一种通用高频分组脉冲方法，设计基于电感限流原理的高性能节能型脉冲电源。选用 PMAC PC104 多轴运动控制器作为微型结构的铣削与电火花复合加工系统数控系统的核心硬件，设计了由 Windows NT 用户空间程序、内核模块、PMAC 运动程序和 PLC 程序组成的数控软件，以及电极运动控制、加工极性选择等，解决了电火花铣削加工设备的问题。

参考文献

[1]Zhang Y，Liu Y，Shen Y，et al. Investigation on the influence of the dielectrics on the material removal characteristics of EDM［J］. Journal of Materials Processing Technology，2014，214(5)：1052－1061.

[2]苏铭，游有鹏，杨雪峰．数控机床模块化设计系统的研究与开发[J]．机械设计与制造，2018(12)：234－237＋241.

[3]官乐乐，蒋毅，赵万生，等．一种新型电火花线切割加工脉冲电源的设计[J]．现代制造工程，2019(9)：94－99.

[4]曹宏瑞，李兵，何正嘉．高速主轴动力学建模及高速效应分析[J]．振动工程学报，2012，25(2)：103－109.

[5]任成高，申晓龙，皮智谋．数控线切割加工模具曲面装置的改造研究[J]．中国农机化，2011(6)：122－125.

[6]叶树林．高速电火花小孔加工工艺机理研究及其设备研制[D]．哈尔滨：哈尔滨工业大学，1994.

[7]赵慧娟．零件加工过程机床运行数据在线监测方法研究[J]．制造技术与机床，2018(4)：114－117.

[8]李强，朱国征，白基成．微细电火花加工机床开放式数控系统开发及应用[J]．哈尔滨工程大学学报，2015，36(9)：1234－1239.
[9]王勇，郭磊．电火花数控线切割加工工艺的探讨[J]．机床与液压，2009，37(7)：262－263.
[10]白军军，李立青．一种电火花加工单脉冲电源的研制[J]．现代制造工程，2018(6)：96－100.
[11]Fan Y，Li C，Bai J，et al. Experimental study on energy consumption of energy-saving pulse power for WED[J]. The International Journal of Advanced Manufacturing Technology，2014，72(9/10/11/12)：1687－1691.
[12]王玉魁，宋博岩，王振龙，等．节能式电火花加工脉冲电源的系统设计[J]．中国机械工程，2006(17)：1783－1786.
[13]罗廷芳，孟志强．LCC 串并联谐振充电高压脉冲电源设计[J]．电子技术应用，2010，36(09)：80－82＋85.
[14]狄士春，黄瑞宁，于滨，等．并联谐振型微细电火花线切割加工脉冲电源[J]．上海交通大学学报，2005(1)：56－60.
[15]廖平，高广彬．基于 Buck 电路的压电陶瓷脉冲驱动电源研究[J]．压电与声光，2018，40(4)：539－542＋546.
[16]潘泽跃，程健，陈园园．基于 FPGA 的脉冲电源及其控制系统设计[J]．强激光与粒子束，2015，27(9)：243－248.
[17]廖智奇，吴运新，袁海洋．表面粗糙度对三维应力集中系数及疲劳寿命的影响[J]．中国机械工程，2015，26(2)：147－151.
[18]党晓婧，黄荣辉，刘顺桂，等．基于时频域特征的局部放电单脉冲波形分析[J]．电测与仪表，2019，56(20)：52－56.
[19]王甫茂．基于 DSP 的线切割机床数控系统的研制[J]．制造业自动化，2011，33(2)：150－152.
[20]李强，朱国征，白基成．微细电火花加工机床开放式数控系统开发及应用[J]．哈尔滨工程大学学报，2015，36(9)：1234－1239.
[21]张筱云，郑大棉．电火花微喷孔加工控制系统的设计与研究[J]．制造业自动化，2012，34(4)：93－96＋110.
[22]岳刚，邓三鹏，孙奇涵，等．基于 PMAC 的数控系统手轮功能研究[J]．机床与液压，2016，44(4)：36－37.
[23]徐辉，顾琳，赵万生，等．高速电弧电火花加工的工艺特性研究[J]．机械工程学报，2015，51(17)：177－183.
[24]陈日，郭钟宁，刘江文，等．气中电火花加工颗粒增强金属基复合材料的有限元分析[J]．现代制造工程，2015(11)：58－63.

[25]Xia H，Kunieda M，Nishiwaki N. Removal A mount Difference between Anode and Cathode in EDM Process [J]. International Journal of Electrical Machining，1996，1 (1)：45—52.

第3章　工作介质对电火花铣削加工的影响研究

电火花铣削加工是工具电极与工件之间通过放电，在介质中产生高温，以热能去除材料的加工方法。目前，对放电过程的研究主要采用的是光学影像和受力检测的方法[1]，对放电通道或极间气泡进行分析，对材料蚀除过程的研究还没有形成系统的理论[2,3]。

近年来的研究表明，在放电过程中，包围在放电通道周围的气泡的膨胀收缩运动在材料的蚀除过程中起到了显著的作用[4-8]，而极间气泡运动所引起的压强变化会在极间产生声发射现象。因此，本章利用声发射传感器，通过检测分析放电过程中产生的声发射波，研究工作介质和放电状态对材料蚀除过程的影响，从而为提高电火花加工的加工效率提供理论依据。

3.1 工作介质及其电火花加工效果分析

3.1.1 工作介质的分类及其作用

目前，电火花加工所采用的工作介质主要可分为气体、油基和水基三类，使用最早、应用最为广泛的是以煤油为代表的油基工作液。油基工作液具有燃点高、黏着性低、加工性优良等优点，但是加工产生的 C_2H_2、C_2H_4、CH_4 等气体对人体的皮肤有不良影响[9]，加工中煤油分解的碳素会附着在电极和工件表面，阻碍加工屑的排出而容易产生二次放电、再铸层的加剧，影响加工质量[10]。近年来，气中电火花加工取得了一定的发展，采用不同的气体作为工作介质可以获得不同的加工效果，由于气体冷却效果较差，使得电火花加工产生的受热影响层较厚，蚀除颗粒温度高，容易吸附在加工表面，目前气中电火花加工还没有商业应用的范例。水基工作液目前主要应用于线切割和微细加工中，与油基工作液相比，没有火灾隐患，水基工作液更加环保而且成本更低，比油基工作液的加工速度更快、电极损耗更低、表面粗糙度更好，但是因为水的绝缘性能和黏度较低，很难控制电导率，且工件加工精度较差[11]。为了防止水对工作台的腐蚀作用，同时，为了实现电火花铣削与机械铣削工作液的通用，在水中添加了2%的乳化液，所获得的水基工作液电导率为80 μs/cm，pH值为9，呈弱碱性。同时，有关研究表明，“蒸馏水＋煤油”混合液为工作介质成本低、效果好[12]。为了研究不同工作介质中电火花加工的材料蚀除效果，本书以煤油、水基乳化液、“蒸馏水＋煤油”混合液三种工作介质对电火花加工效果展开研究。工作介质在电火花加工中不仅具有冷却和消电离的作用，同时，还对材料的蚀除过程产生显著的影响。对于气中放电，少量的材料蚀除是由高温汽化实现的，大量的材料蚀除主要是通过高压气体快速流经放电间隙，将熔融状态的材料带离工件表面来实现的[13]。对于液中放电，工作液在整个放电蚀除过程中起到了重要的作用，在放电击穿延迟过程中，工作液将电极与工件之间绝缘，为放电击穿创造条件；在放电维持过程中，极间的高温放电等离子体柱汽化其周围的工作液，形成一个包围等离子体柱的高压气泡，保护等离子体放电的持续进行。与此同时，气泡会在周围工作液的惯性和等离子体柱提供的持续高温条件下，高频地膨胀收缩，将工件表面熔融状态的材料抛出放电区域；在放电结束后，气泡破灭，在气泡破灭过程中所产生的空穴效应，以及工作液快速冷却熔融材料所产生的溅射效果的综合作用下，使得高温熔融状态的工件材料脱离基体，被冷却成固体颗粒排出放电间隙[14]。

3.1.2 电火花加工参数及其影响

选定适合的加工参数是电火花加工的重要工作，因为加工参数直接影响成品优劣及加工的速度；粗加工讲求加工速度，精加工则重视加工质量及尺寸精度，所以，粗加工与精加工须设定不同的放电参数条件[15]。图3-1所示为电火花加工的波形图，各项参数意义具体如下所述。

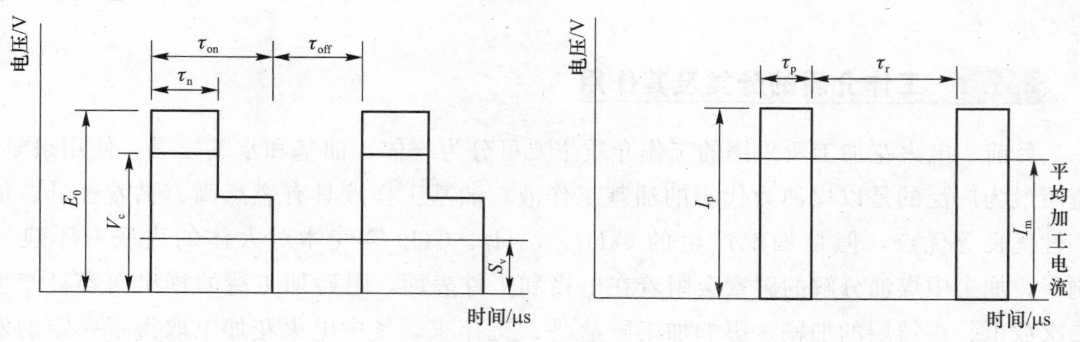

图3-1　电火花加工的波形图

1. 峰值电流(Peak Current)

峰值电流为放电开始瞬间，加在电极与工件之间的电流，单位为 A，以符号 I_p 表示。在不考虑排屑等因素状况下，峰值电流越大则加在工件面的能量越大，加工速度越快，但放电的加工间隙及加工过切量也较大，表面加工精度较粗糙。当放电电流小则会有较理想的加工面精度及粗糙度，但加工速度降低[16]。

2. 脉冲时间(Pulse Duration)

放电脉冲时间表示在放电过程中每次单发放电所持续的时间，单位为μs，以符号 τ_{on} 表示。依放电情况不同所设定的范围由 1 s 到数千秒，本试验放电脉冲时间经初步的试验后，获知的范围在 5～200 s 较合适。放电脉冲时间取决于放电电流作用在工件的时间，所以，在适当的放电脉冲范围内放电脉冲时间加长，施加在工件面的能量变大，材料去除率提高；但是随着放电脉冲时间增长，放电柱体积膨胀，放电点面积变大，单位时间的放电能量会增加，但是单位面积所受的能量密度反而会降低，而且放电柱引起气体膨胀所造成的放电爆发力也会降低，导致材料去除率不提升反而降低、加工面粗糙、极间间隙增加，且不易维持均匀放电能量[17]。

3. 脉冲间隙时间(Pulse Off time)

脉冲间隙时间是指在单发放电脉冲时间结束后至下一次单发放电开始之前的冷却时间，单位为μs，以符号 τ_{off} 表示。利用这段时间使熔融的工件凝固形成颗粒状加工屑，再经由加工液排出。因为有这段冷却时间，使得加工过程冷热循环，并使加工屑排出于电极与工件之间；最重要的是脉冲间隙时间恢复工件与电极之间的绝缘状态，形成一个完整的电火花加工周期[18]。

4. 工作电压(Main Power Supply Voltage)

工作电压是指脉冲电源所提供电极与工件未发生放电作用前的开路电压，又称为无负荷电压(No-Load Voltage)，单位为 V，以符号 V_s 表示[19]。实际放电电流会因设定不同主电压值而不同，本试验设定为 35 V。

5. 加工极性(Polarity)

加工极性是指工件所接电源的极性，以符号 P 表示。若工件接电源正极(＋)，则为正极性加工；若工件接电源负极(－)，则为负极性加工。以负极性加工，被加工物所承受的电流密度较高、放电痕较深、表面粗度较差；若放电时间较长，足以使游离的分解元素附着于电极表面时，放电过程加工液形成的碳素会积聚于电极，对电极有保护作用，减缓电极加工消耗量。以正极性加工，被加工物所承受的电流密度较低、放电痕较浅、表面粗糙度较佳；若放电时间较长，足以使游离的分解元素附着于被加工物表面时，放电过程加工液形成的碳素会积聚于被加工物，对被加工物具有保护作用，使材料移除率降低[20]。本试验的极性经初步试验，发现负极性加工有较好的效率，因此，试验均为负极性加工，如图 3-2 所示。

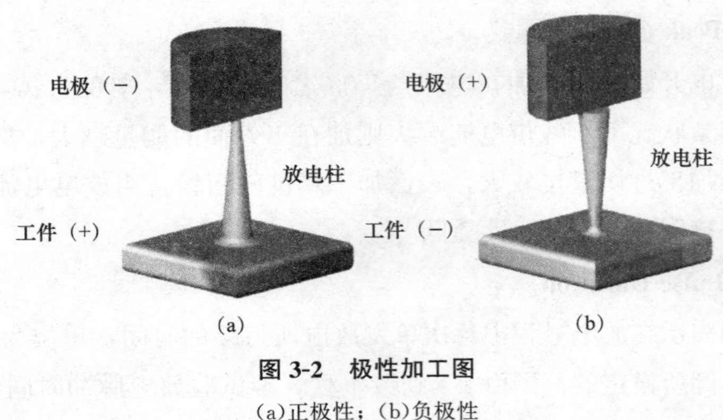

图 3-2　极性加工图

(a)正极性；(b)负极性

3.1.3　不同工作介质中加工对比试验

1. 试验设计

图 3-3 所示为试验机构示意图。在电火花加工槽内放置温度计与导电度的测量仪，实时测量加工液温度与导电度的变化，通过示波器测量其波形变化。在试验进行的同时，对混合液搅拌，使在放电过程中的混合液能够混合更均匀且充满电火花加工槽，以及增加煤油与蒸馏水结合效果。试验采用改造的电火花铣削加工机床，工件为 40 mm×40 mm×6 mm 的钛合金(Ti-6Al-4V)板，电极采用直径为 ϕ10 mm×40 mm 的紫铜，加工深度为 0.5 mm，采用表 3-1 所示的加工参数进行试验。

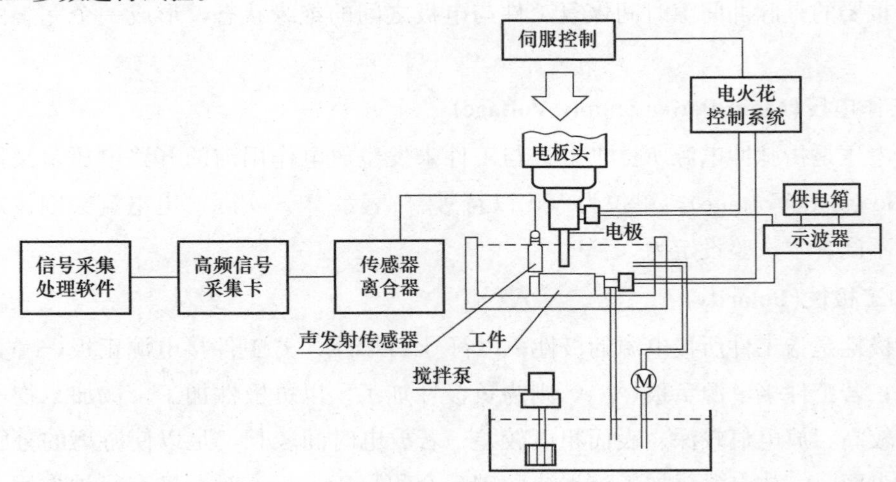

图 3-3　试验机构示意图

表 3-1　工作介质试验加工参数

序号	加工参数	参数值
1	脉宽/μs	100

续表

序号	加工参数	参数值
2	脉间/μs	1 000
3	电流/A	8
4	电压/V	180
5	电极极性	负极
6	工作介质	煤油、水基乳化液、“蒸馏水+煤油”混合液
7	电极材料	紫铜
8	工件材料	钛合金 TC4

2. 试验设备

(1)试验机床。本试验采用改造的电火花铣削加工机床，功能规格见表 3-2，电火花加工能量设定见表 3-3，其主要特征是以数值侦测系统为主，具有数值化自动控制的机能。

表 3-2 试验机床规格

功能规格	加工参数	试验设定
电流 I_p/A	0～30	5～30
脉冲 τ_{on}/μs	2～2 000	20～300
脉间 τ_{off}/μs	$\tau_{off}=\tau_{on}\times K$	$K=0.5$
效率因素 D. F.	0.25～0.83	0.5
电压 E_g/V	25～60	35
引弧电压 E_o/V	250～310	250
极性设定 Polarity	(+)，(−)	(−)
放电持续时间/s	0～99	10～25

表 3-3 电火花加工能量设定

加工类型	电流 I_p/A	脉冲 τ_{on}/μs	加工时间/s
精加工	5	20、50、100、200	5
中加工	10	100	5、7.5、10、12.5
粗加工	30	300	5

(2)超声波洗净机。试验加工后，为清除工件及电极加工面残渣或积炭，并使量测出的

数值臻于准确，使用CREST超声波洗净机，将工件或电极置于烧杯内，于烧杯内注入丙酮，接着放入超声波洗净机内振动5 min，以获得清洁的工件或电极。

(3)示波器(Oscilloscope)。为观察实际放电的电压波形及流过电极的电流大小，使用YOKOGAWA DL-1200A型示波器观察波形并记录加工过程中波形的变化情况。

(4)扫描式电子显微镜(Scanning Electron Microscope，SEM)。电极及工件经过加工之后，为观察其表面加工状况、加工形状及拍摄实体图时，使用HITACHI S-3500N扫描式电子显微镜，完成观察及实体拍摄的工作。

(5)电子天平。在加工之前及加工后的工件或电极，经超声波洗净机清洁后，记录试验前后的重量并计算其差值，主要使用Sartorius Research电子天平，其精确度可达10^{-4}g。

(6)表面粗糙度仪。电火花加工后，工件表面的粗糙或细致，可以借由表面粗糙度仪量测。试验中使用TOKYO SEIMITSU的精密粗糙度仪测量。

(7)导电率量测仪。在蒸馏水中添加适当比例煤油之后，经超声波洗净机振动混合之后，混合液的基本性质测定，以加工液的导电率为其量测基准，试验中以RADIOMETER COPENHAGEN的导电率量测仪测量。

(8)金相研磨机。在电火花加工之前，须将电极与工件的表面研磨至$Ra=1$ μm程度，可借由金相研磨机达到需要的结果。试验中以STRUERS的金相研磨机研磨。

(9)搅拌器。在进行电火花加工时，为避免混合液因放置时间过久，导致油水分离，以及加强其混合效果，可自制一个小型搅拌器，在电火花加工进行时，同时对混合液进行搅拌。

3. 试验结果与讨论

(1)材料去除率。使用煤油比例不同的“蒸馏水＋煤油”混合液为介质进行试验，每种介质进行5次试验取平均值，得到如图3-4所示的结果。由图3-4可以看出，以煤油比例为2%的“蒸馏水＋煤油”混合液为介质时，材料去除率达到18.5 mg/min，没有因为添加了煤油导致不能放电或是降低其材料去除量，反而使其具有相当高的去除量，说明“蒸馏水＋煤油”混合液为介质是可行的。

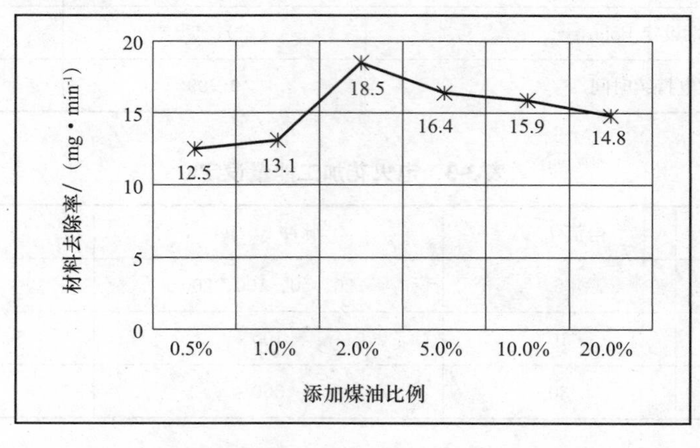

图3-4　不同配比混合液加工的材料去除率

以同样方法将煤油、蒸馏水和煤油比例为2%的“蒸馏水+煤油”混合液进行对比试验，得到图3-5所示的结果，发现煤油比例为2%的“蒸馏水+煤油”混合液比蒸馏水高出将近70%，比煤油多了8倍去除率。

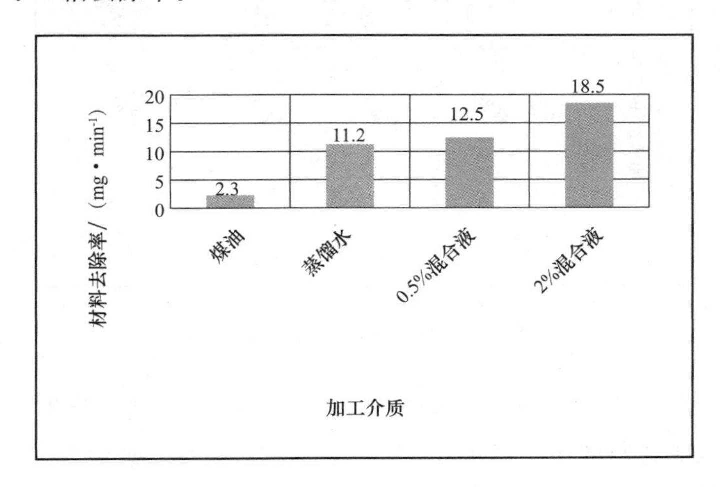

图3-5 不同介质加工的材料去除率

(2)电极损耗。以煤油为介质的电火花加工时，高温分解煤油产生碳素会堆积在电极表面形成一层电阻较高的积炭，积炭对电极具有较好的保护作用，从而抑制电极损耗[5]。蒸馏水介质不会分解碳素，因此，煤油电极损耗比蒸馏水低。但是，“蒸馏水+煤油”混合液介质加工时，电极损耗并不是随着煤油比例增大而降低，图3-6显示电极损耗随着煤油比例降低而降低，煤油比例为0.5%的“蒸馏水+煤油”混合液加工电极损耗最小。

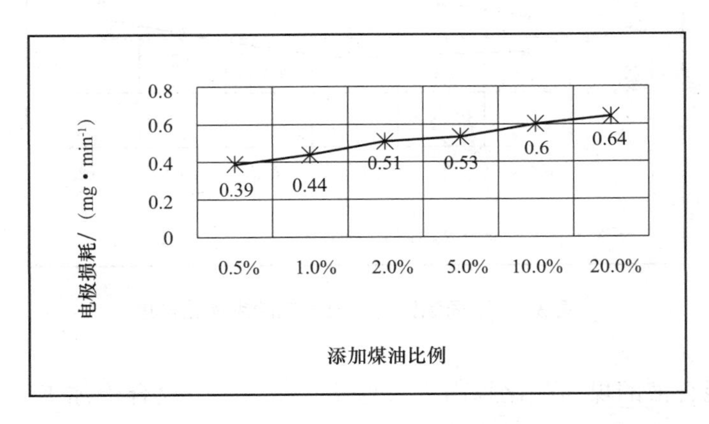

图3-6 不同配比混合液加工的电极损耗

如图3-7所示，煤油比例为0.5%的“蒸馏水+煤油”混合液加工电极损耗比蒸馏水还低，只比煤油多了0.07 mg/min，因此，添加适当比例煤油不仅有助于增加材料去除量，还可以减少电极消耗。

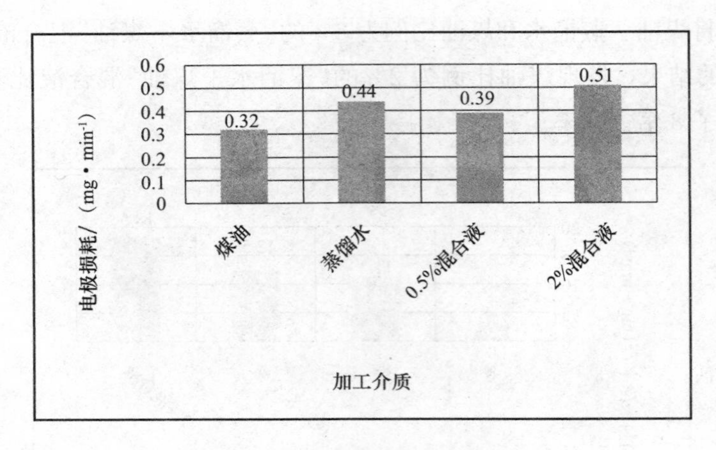

图 3-7　不同介质加工的电极损耗

(3)表面粗糙度。以煤油为介质的电火花加工时，高温分解煤油产生碳素不仅能抑制电极损耗，还可以减少材料的熔融，获得较好的表面粗糙度[6]。蒸馏水则因无碳素的分解，而有较高的去除量，相对的表面粗糙度就差。

由图 3-8 可知，添加煤油对表面粗糙度有一定影响，发现煤油添加得越多，表面粗糙度越差。图 3-9 是不同介质加工的表面粗糙度比较，煤油最佳，蒸馏水与煤油比例为 0.5% 的"蒸馏水＋煤油"混合液差不多，但在三者的 R_{max} 的比较上，混合液突然变差很多。

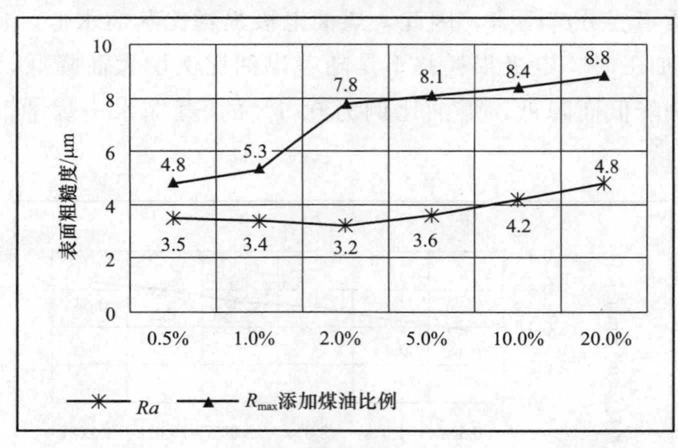

图 3-8　不同配比混合液加工的表面粗糙度

图 3-10 中混合液的煤油配比越高 R_{max} 越差，图 3-9 中混合液加工表面 R_{max} 比煤油和蒸馏水都差，其主要原因是混合液中煤油的含量不多，高温分解产生的碳素附着在电极的局部，没有形成均匀碳素层抑制电极消耗，导致表面粗糙度 R_{max} 变差，所以，添加煤油越少越不会影响到表面粗糙度。同时，可以看出煤油介质加工的放电坑比较浅、表面比较平坦；2% 混合液与蒸馏水的加工表面相近，而 2% 混合液的放电坑较深且密集，R_{max} 差别较大。

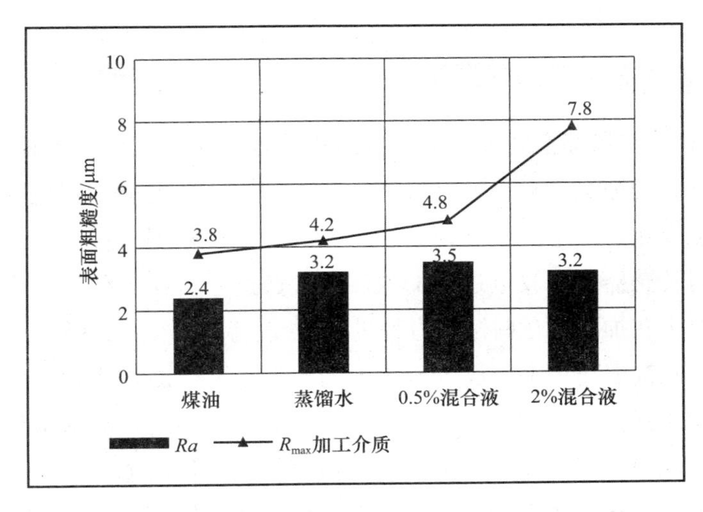

图 3-9　不同介质加工的表面粗糙度

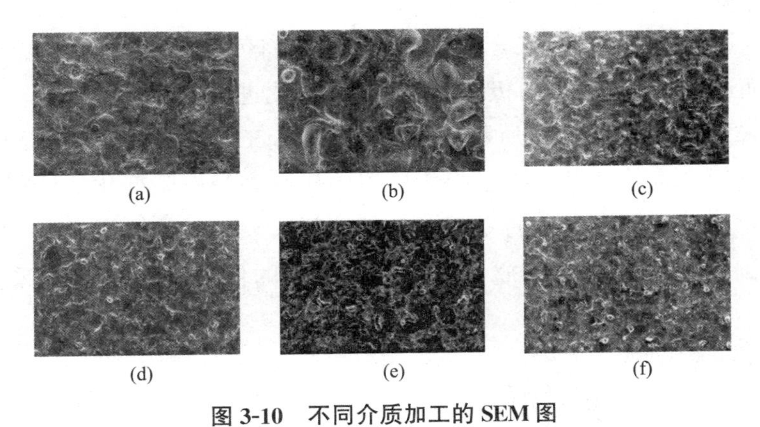

图 3-10　不同介质加工的 SEM 图

(a)煤油；(b)蒸馏水；(c)0.5%混合液；

(d)1%混合液；(e)2%混合液；(f)20%混合液

3.2 工作介质对材料蚀除影响的声发射研究

不同介质中放电所形成的凹坑明显不同，在放电持续过程中，由于等离子体柱的高温作用，工件材料逐渐被熔化，气泡随着压强变化进行收缩膨胀运动。极间气泡的产生及其压强的变化是液中放电与气中放电的显著区别，有关研究结果表明，极间气泡压强的变化是极间熔融材料被抛出的主要因素，因此，本书引入声发射传感器，对极间气泡压强的变化进行了检测分析。

3.2.1 放电声发射波采集系统

声发射(AE)是指在局部空间中能量的快速释放过程在周围产生的瞬态弹性波的现象。在电火花加工中材料的蚀除过程是通过极间狭小空间中快速的能量释放实现的，在放电过程中，极间的压强变化会产生声发射现象，压强的变化越剧烈，所产生的声发射波振幅越高。本书将声发射传感器引入放电过程的检测中，通过分析在各种加工条件下放电所产生的声发射波，对电火花加工的材料蚀除过程进行研究。

放电过程中，在高温作用下，放电通道周围的工作液不断被汽化分解，使得包围在放电通道周围的气泡压强持续增加，形成气泡扩张的趋势，同时，周围工作液的惯性会限制气泡的扩张。在气泡内部压强和周围工作液惯性力的相互作用下，气泡随压强变化产生周期性的膨胀收缩效应，从而产生声发射波。声发射波在固体介质中的传播主要以纵波、横波、表面波和板波的形式传播，而在液体介质中由于声发射波振动的方向与介质质点的振动方向一致，只以纵波的形式传播，因此，本书选择将传感器放置于工作液中对声发射波进行采集，从而通过声发射信号对极间气泡的压强变化进行分析。

声发射波采集系统如图 3-11 所示。加工中电极、工件和声发射传感器均被浸于工作液中。极间放电所产生的声发射波引起传感器中压电陶瓷电阻变化，使得导电陶瓷两端电压随之变化，从而将声发射波的变化以电压的形式表示。传感器耦合器为传感器提供电源并对采集到的信号进行初步放大处理，处理后的信号经高频信号采集卡存储到硬盘中。

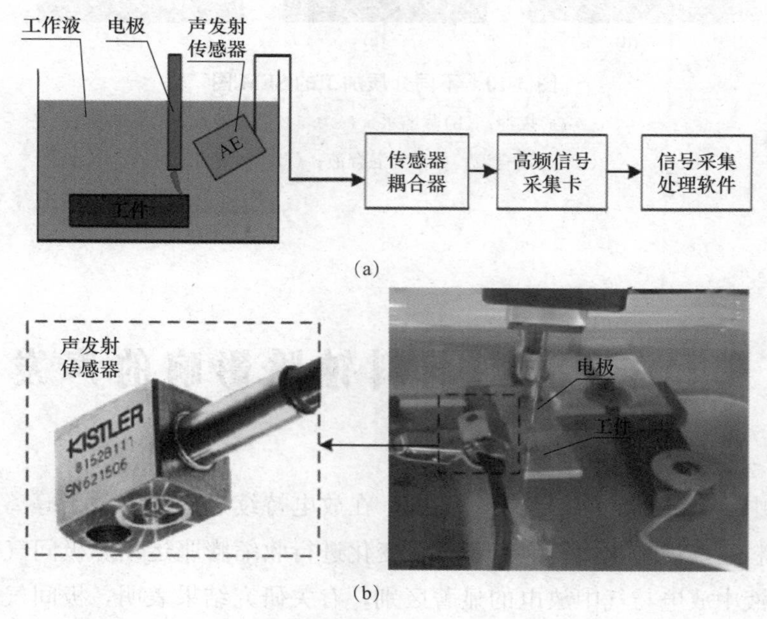

图 3-11 声发射波采集系统

(a)采集系统组成；(b)声发射波采集系统

声发射传感器的作用是将声发射波所引起的物体振动转换为易于检测分析的电压信号。在放电过程中所产生的声发射波为高频振动，因此，本书采用了 Kistler 生产的型号为 AE-8152B2 的声发射传感器，此传感器具有灵敏度高、宽带宽并且抗电磁噪声干扰的特点，其具体参数指标见表 3-4。声发射传感器的信号频率响应曲线如图 3-12 所示。采样频域在 100～900 kHz时，信号采集的灵敏度保持不变，有利于采集信号的保真。

表 3-4　声发射传感器主要参数指标

参数	值
型号	Kistler AE-8152B2
传感材料	压电陶瓷
灵敏度 dBref1V/(m·s^{-1})	48
频率区间/kHz	100～900
工作电压/VDC	5～36
工作电压/mA	3～6
输出电压/V	±2
输出电流/mA	4

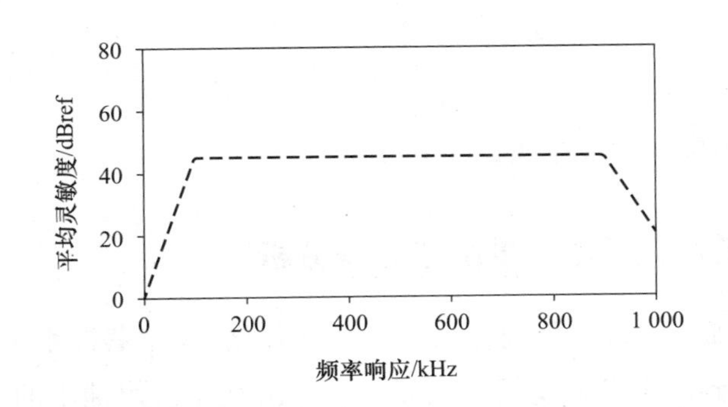

图 3-12　声发射传感器的信号频率响应曲线

耦合器采用了 Kistler 生产的 AE-Piezotron Coupler 5125B，此耦合器有两个接口，一个接口用于为传感器提供工作电源；另一个接口用于检测声发射波信号，并通过隔离滤波后将信号传输给信号采集卡。信号采集卡的采样频率及存储速度直接影响信号采集的精度，因此，采用了单通道采样频率能够达到 1.25 MS/s 的高速信号采集卡，其型号为 NI-PCI-6250。采集到的典型声发射波如图 3-13 所示，声发射波的分析主要围绕其振幅、频域分布、上升时间和持续时间展开，各参数的意义及含义见表 3-5。

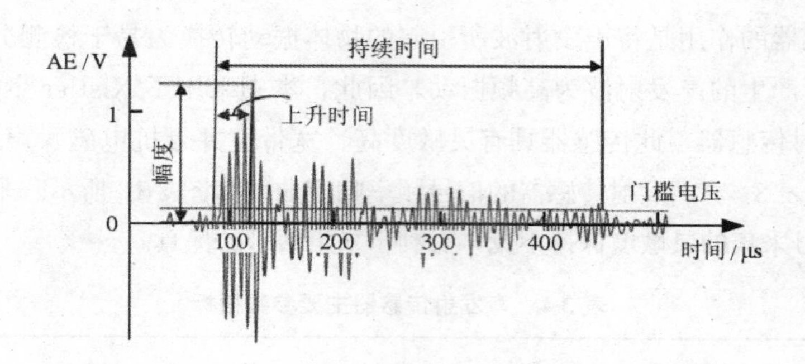

图 3-13　典型火花放电产生的声发射波

表 3-5　声发射波的主要参数及含义

序号	参数名称	含义
1	幅度	声发射波中的最大振幅值
2	频域	声发射波的频率分布
3	上升时间	声发射波从触发到振幅升到最大值所用的时间
4	持续时间	声发射波从触发到结束所用的时间

声发射波的一些特征在时域空间内很难发现，而在频域空间内很容易辨别，因此，本书采用快速傅里叶变换(FFT)对声发射波的频域特征进行了分析，FFT 的计算方法如下式所示：

$$X(k)=\sum_{j=1}^{N}x(j)\omega_N^{(j-1)(k-1)} \tag{3-1}$$

$$\omega_N=\mathrm{e}^{(-2\pi i)/N} \tag{3-2}$$

式中　x——声发射波随时间变化的矩阵。

3.2.2　不同工作介质中声发射波频域分析

采用表 3-1 中的加工参数，分别在煤油、水基乳化液和“蒸馏水＋煤油”混合液中进行电火花加工，所采集到的声发射波频域分布如图 3-14 所示。煤油中的声发射波频域主要分布在 240～300 kHz；水基乳化液中分布在 250～320 kHz；“蒸馏水＋煤油”混合液中分布在 250～360 kHz。

3.2.3　煤油介质中放电声发射波分析

煤油介质中放电所产生的声发射波如图 3-15 所示。在放电击穿时刻，放电通道气体迅速扩张，因周围介质阻碍而产生压强变化，形成很强的声发射波，放电熔化的材料被抛出，冷却后不会吸附在工件表面，达到有效的材料蚀除。

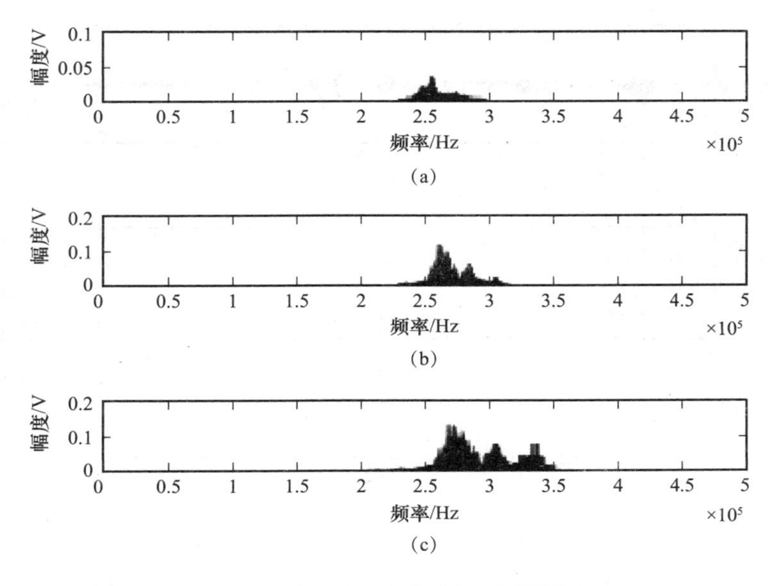

图 3-14　不同介质中声发射波频域分布

(a)煤油介质中；(b)水基乳化液介质中；(c)"蒸馏水＋煤油"混合液介质中

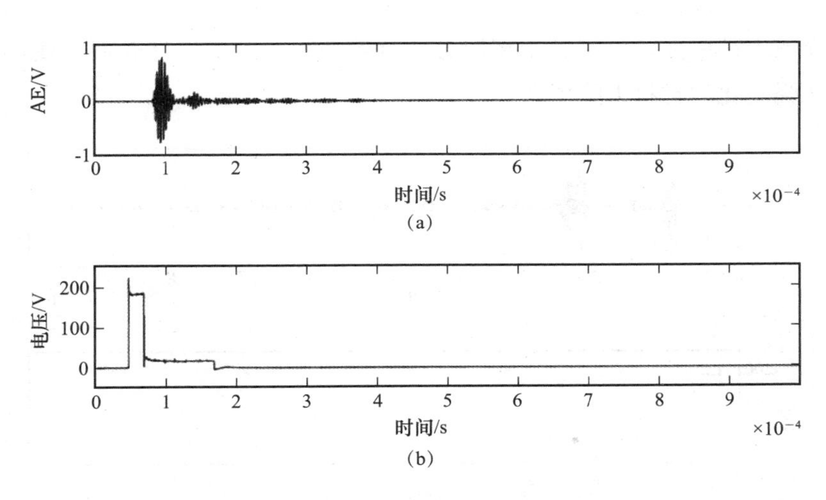

图 3-15　煤油介质中声发射波

(a)声发射信号；(b)放电电压

3.2.4　水基乳化液介质中放电声发射波分析

水基乳化液介质中放电所产生的声发射波如图 3-16 所示。除放电击穿时产生的较强声发射波外，在放电结束时也会产生较强声发射波。因为放电持续过程中水被热分解为氢气和氧气，放电结束时会发生燃烧爆炸，导致极间气泡压强急剧变化，从而产生明显的声发射现象。

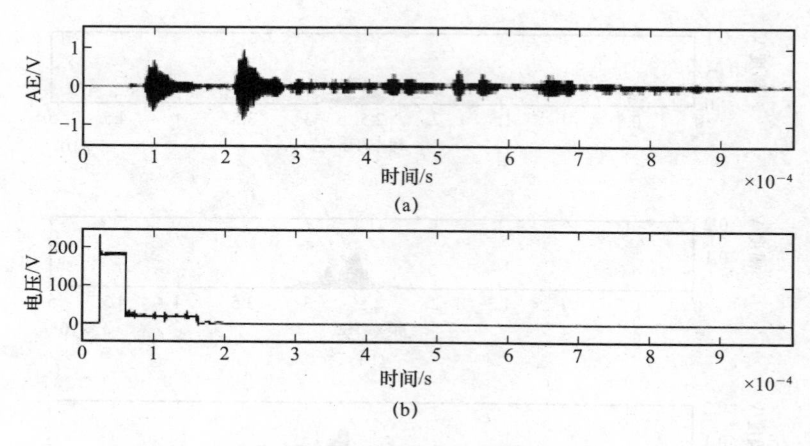

图 3-16　水基乳化液介质中声发射波

(a)声发射信号；(b)放电电压

3.2.5 “蒸馏水＋煤油”混合液介质中放电声发射波分析

“蒸馏水＋煤油”混合液介质中放电所产生的声发射波如图 3-17 所示。极间发生压强变化比前两种介质中都要强，更有利于将熔融物有效蚀除，抛出工件表面，使得放电过程产生两次剧烈压强变化的材料去除率高。

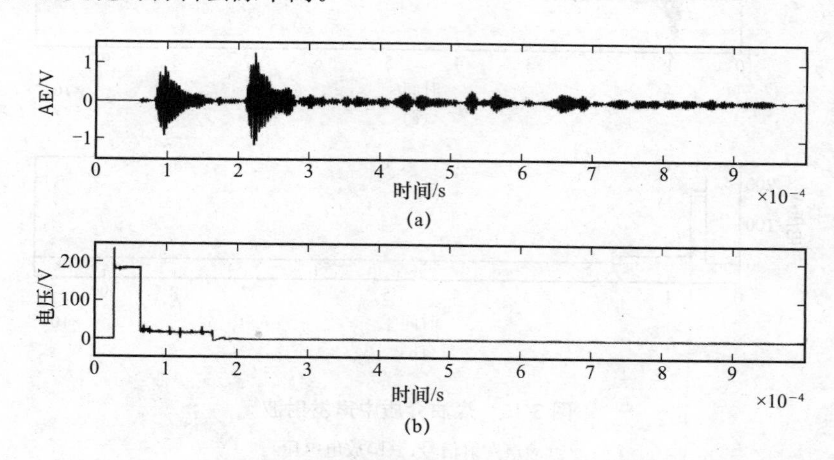

图 3-17　“蒸馏水＋煤油”混合液介质中声发射波

(a)声发射信号；(b)放电电压

3.2.6 试验结论与验证

“蒸馏水＋煤油”混合液中放电所产生声发射波的幅度和持续时间比煤油、水基乳化液中放电产生的声发射波更明显，放电所引起的极间压强变化更剧烈，持续时间也更长，更有利于在放电过程中工件表面熔融材料的抛出，加工效率和加工效果都比较好。

为了验证检测分析在放电过程中产生的声发射波的结论可靠性，采用表 3-6 所示的加工参数进行验证试验，三种介质中加工效率如图 3-18 所示，水基乳化液中的加工效率要比煤油中高出约 37%，“蒸馏水＋煤油”混合液中的加工效率最高，表明在相同放电能量条件下，“蒸馏水＋煤油”混合液中放电熔融材料的抛出效果要比煤油和水基乳化液中放电好，在材料的蚀除过程中，工作介质起到了显著的作用。

表 3-6　加工参数

加工参数	设定
脉宽/μs	100
脉间/μs	1 000
电流/A	8
空载电压/V	180
电极极性	负极
工作液	煤油、水基乳化液、“蒸馏水＋煤油”混合液
电极材料	紫铜
工件材料	钛合金 TC4

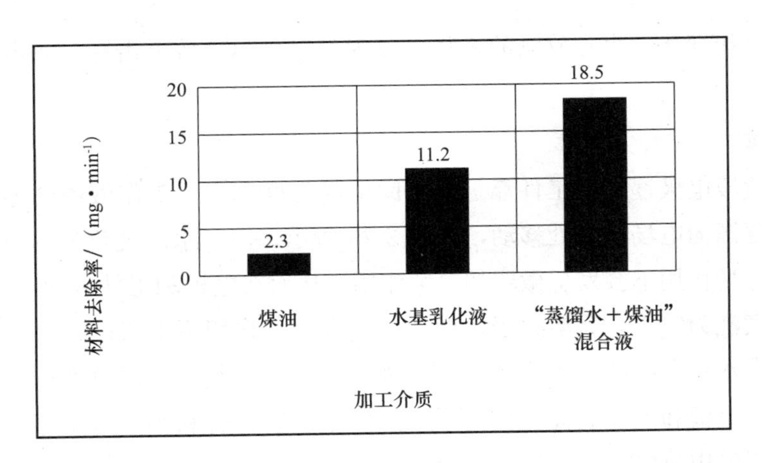

图 3-18　不同介质加工的材料去除率

用扫描式电子显微镜拍摄工件表面的 SEM 图(图 3-19)发现，水基乳化液中放电的加工表面布满了明显的放电凹坑，表面质量较差；煤油中放电的加工表面凹坑要比水基乳化液中放电的小，表面更平整；“蒸馏水＋煤油”混合液中放电的加工表面凹坑比较浅、表面比较平坦，效果最好。这一验证结果与声发射波检测分析结果相符。

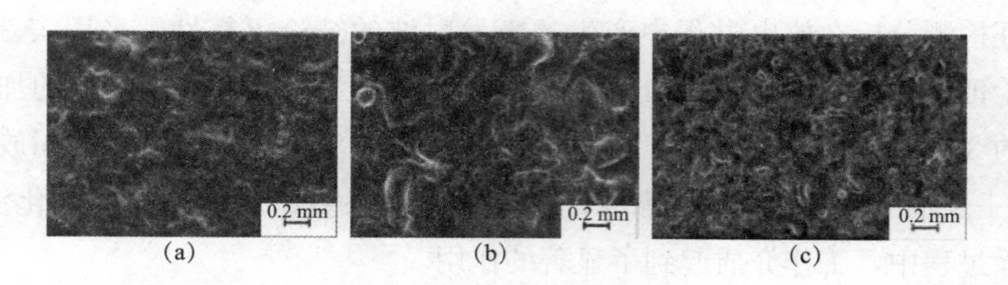

图 3-19　不同介质加工的 SEM 图

(a)煤油介质中；(b)水基乳化液介质中；(c)“蒸馏水＋煤油”混合液介质中

3.3 水基乳化液中材料蚀除过程分析

以往对放电理论的分析中，往往将放电过程中工件和电极材料的熔化过程，与熔化材料的蚀除过程混为一体进行讨论，但在实际加工中往往存在熔化的材料无法被有效蚀除的情况，因此，本节将材料的熔化过程和蚀除过程分开来研究，以求对材料的蚀除过程有更深的理解。

3.3.1　火花放电材料蚀除过程分析

根据极间电压变化，火花放电的过程可分为放电延迟、放电击穿、放电维持和放电结束四个过程。

1. 放电延迟

放电延迟阶段电极逐渐向工件靠近，极间电场强度升高，工作液中的导电微颗粒会在电场的作用下逐渐向电场较强处移动，如图 3-20 所示。由于水基乳化液的电导率较高，水在逐渐增强的电场作用下会发生微弱的电解作用，从而在电极和工件表面产生大量的气泡。其中，一部分气泡为空气，是溶解于水中的空气在电场作用下形成的；另一部分气泡为氢气和氧气，是由水被电解的作用产生的，阴极表面产生氢气，阳极表面产生氧气。所产生的气泡，吸附在电极和工件表面，提高了极间的绝缘性，有利于放电击穿的实现，这使得水中放电区别于油中放电。

2. 放电击穿

当极间电场强度达到工作介质击穿强度时，负极表面电子会发生场发射效应，场发射所释放的电子会在极间电场的作用下被加速向正极运动，其所得到的能量也逐渐增加，当电子所积累的能量足够大时，高速运动的电子与极间工作介质相碰撞会导致工作介质汽化并电离，使得极间带电粒子像“雪崩”一样增加，因此，在放电击穿通道形成过程中，等离

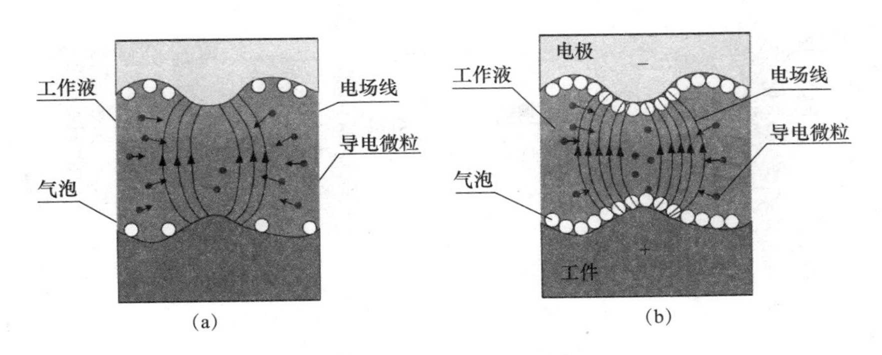

图 3-20　放电延迟过程中极间的变化

(a)放电延迟初期；(b)放电延迟后期

子体柱从负极到正极直径逐渐变大，如图 3-21(a)所示。当电子运动到正极表面时，由于高速电子强烈的轰击作用，电子与正极表面的带电粒子进行剧烈的能量传递，产生极间第一次显著的声发射波，说明极间产生了剧烈的压强变化，此时正极表面材料开始被熔化甚至汽化并被溅出放电点，从负极表面到正极表面电子的运动路径上的工作介质均被电离，从而在极间形成放电等离子体通道。在高速电子轰击正极表面的过程中，会激发出更多的带电粒子，产生二次电子崩，形成如图 3-21(b)所示的圆柱形等离子体柱。

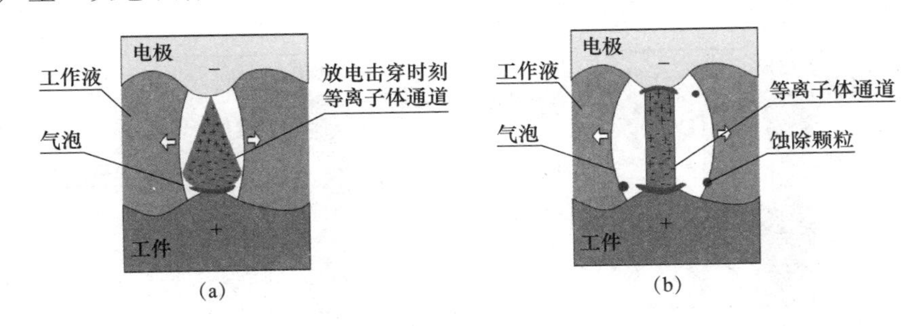

图 3-21　放电击穿过程

(a)放电击穿时刻；(b)稳定放电通道

3. 放电维持

如图 3-22 所示，在脉冲电源持续提供能量的前提下，等离子体放电通道会在极间维持，同时，由于等离子体柱中电子与正离子的高速运动，使得等离子体柱在放电过程中一直保持高温状态，其中心温度高达几千度甚至上万度，因此，包围在等离子体柱周围的工作液会不断地被高温快速汽化，形成一个高压气泡将等离子体柱包围，同时，由于周围液体的冷却作用，部分放电能量会以热传导和热辐射的形式被损耗掉。在放电维持过程中，高温等离子体柱持续向电极和工件表面传递能量，使得电极和工件材料被熔化甚至汽化，这一阶段所产生的声发射波较弱，极间气泡压强的变化较放电击穿时刻要小。

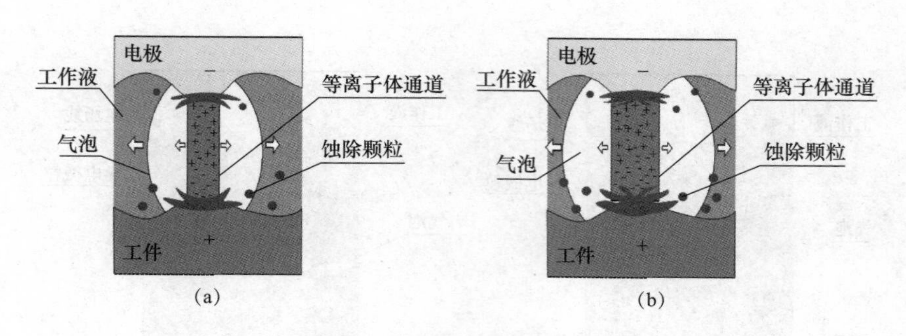

图 3-22　放电维持阶段极间状态

(a)稳定放电初期；(b)稳定放电的持续

4. 放电结束

放电结束时，脉冲电源停止能量供给，高温等离子体柱无法继续维持，气泡中所含的氢气与氧气在有限空间内产生一定的爆炸效果，产生第二次显著的声发射波，说明极间再次产生了剧烈的压强变化。由于没有持续的能量供给，气泡会快速破裂，压强迅速降低，在极间引起空穴效应，由放电结束后声发射波持续较长时间的现象说明，空穴效应引起的极间压强变化会持续较长时间，从而使得极间在放电结束后，工作液会流动较长时间，与煤油工作液相比，将蚀除颗粒排出放电间隙的效果更好。在脉间时间内，工作液将极间冷却和消电离，为下一次放电提供条件，如图 3-23 所示。

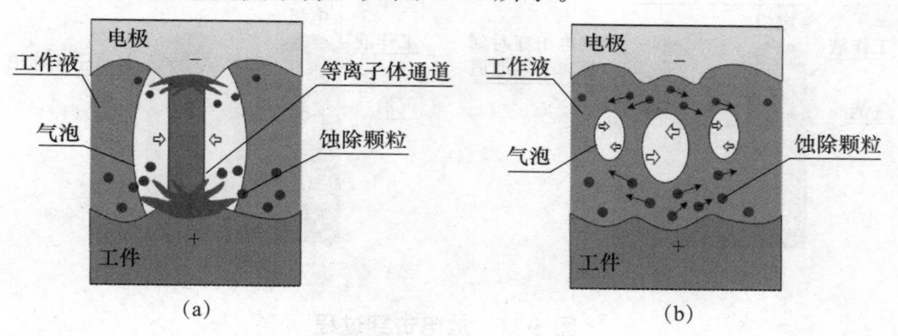

图 3-23　放电结束时极间状态

(a)等离子体通道收缩；(b)气泡破碎时极间状态

3.3.2　电弧放电材料蚀除过程与火花放电区别的研究

与火花放电相比，电弧放电不存在放电延迟，也不存在显著的放电击穿，脉宽时间内极间快速开始放电产生电弧，这主要是由于极间工作液未充分消电离、电导率较高或者存在未排出的蚀除颗粒造成搭桥作用引起的。当极间被加载空载电压时，工作液中的带电粒子会在电场的作用下定向运动，高速运动的带电粒子通过撞击对周围工作介质进行加热电离，形成放电等离子体通道，其后的放电维持和放电结束阶段与火花放电过程相同。

采用表 3-1 的加工参数，采集到的电弧放电电压波形和声发射波如图 3-24 所示，放电触发时刻产生的声发射波最强，但是其振幅与火花放电相比要低很多。这主要是因为电弧放电没有放电击穿过程，没有火花放电，负极表面场发射电子在向正极运动过程中，轰击周围工作介质所引起的电子崩，使得放电开始时包围在放电通道周围的气泡压强较低，从而导致电弧放电过程所产生的声发射波较弱。由于没有放电击穿过程所形成的高压气泡的作用，电弧放电熔融材料的抛出效果较弱，大部分被熔化材料在放电结束后会重新凝固在工件表面，不能够实现有效的材料蚀除。

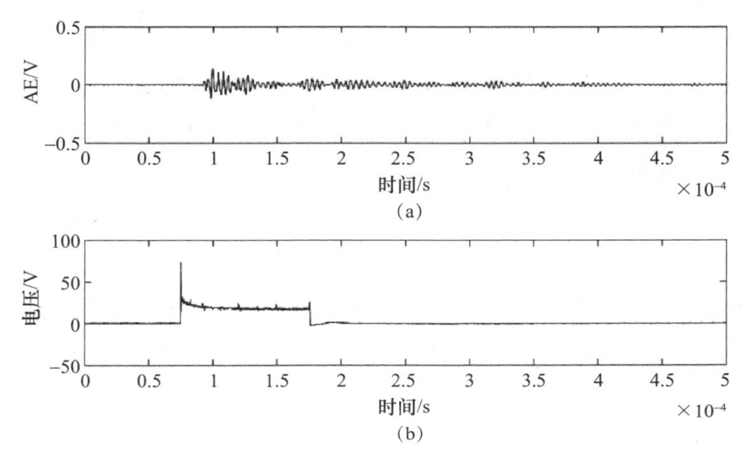

图 3-24　电弧放电所产生声发射波

(a)声发射信号；(b)放电电压

3.3.3 火花放电与电弧放电材料蚀除效果分析

采用表 3-1 的加工参数，电火花加工凹坑如图 3-25 所示，所加工凹坑具有明显的将熔融材料抛出的痕迹。这表明虽然由于水基乳化液偏碱性，极间表面发生了一定程度的电解作用，但是工件材料的有效蚀除主要还是由放电过程实现的。在电火花铣削加工中，电极的高速转动和工作液的高速流动会进一步减弱极间的电解作用，因此，在电火花铣削加工中，分析材料蚀除时不需要考虑电解作用的影响。

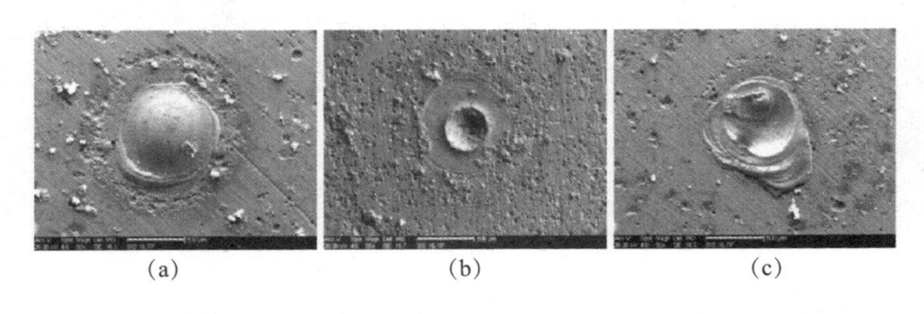

图 3-25　三种工作介质中放电所产生凹坑对比

(a)煤油；(b)水基乳化液；(c)混合液

电弧放电所加工凹坑，电弧放电基本没有产生有效的材料蚀除，由图中可以看出，放电点处的材料虽然在放电过程中被熔化了，但是没有被抛出放电点，放电结束后重新凝固在工件表面，导致无法实现有效的材料蚀除。因此，电火花加工中认为电弧放电会对加工产生危害，容易引起在同一放电点的重复放电，烧蚀工件表面，而且材料去除率很低。

在相同电参数条件下，电弧放电的时间要比火花放电长一个放电延迟时间，电弧放电产生的热量要比火花放电多，因此，电弧单次放电能量能够熔化的材料要比火花放电多。而之所以作出电弧放电烧蚀工件和加工效率低的结论，主要是因为在成形电火花加工中，电弧放电熔化的工件材料不能够被排出放电间隙，重新凝固在工件表面。电弧放电熔化的工件材料无法排出放电间隙的主要原因，是电弧放电没有放电击穿过程，放电通道周围气泡压强较小，不能在气泡向周围扩张时产生强烈的抛出作用。

以上分析表明，如果能够将电弧放电熔化的工件材料排出放电点，并有效防止电弧放电在同一位置的重复发生，电弧放电也可以应用于电火花加工。因此，基于以上分析，本书欲通过采用极间高压冲液实现电弧放电熔化材料的有效蚀除，利用电极的高速转动移动连续放电的放电点，以达到将电弧放电引入到电火花铣削加工中，提高加工效率的目的。

3.4 本章小结

本章对电火花加工材料去除过程进行了微观分析，认为熔化材料和蚀除材料不能混为一体，材料被熔化后如果没有被及时蚀除，放电结束后会重新凝固在工件表面。对此，参考郭成波等[21]利用声发射传感器检测分析方法，以煤油、水基乳化液(乳化液占 2%)、“蒸馏水+煤油”混合液(煤油占 2%)三种工作介质中开展材料去除影响的试验研究。研究发现，在不同工作介质中，放电的极间压强变化和持续时间不同，对熔融材料产生抛出会有影响，水基乳化液和“蒸馏水+煤油”混合液中放电，在放电击穿和放电结束时产生两次显著的声发射波，极间两次剧烈的压强变化有利于工件表面熔融材料的抛出，提高了放电材料去除效率。

参考文献

[1] Mishra P K, Roy S, Guha A. Development of an improved voltage and current measurement system for studying spark characteristics with application to electrodischarge machining[J]. Proceedings of the Institution of Mechanical Engineers, Part B: Journal of Engineering Manufacture, 2004, 218(8): 935－938.

[2]崔景芝，王振龙．电火花加工过程中电极材料蚀除机理研究[J]．电加工与模具，2006(6)：5—9.
[3]迟关心，耿雪松，王玉魁，等．电火花加工过程中电极材料蚀除机理研究[J]．电加工与模具，2012(1)：15—19.
[4] Kitamura T，Kunieda M，Abe K. Observation of relationship between bubbles and discharge locations in EDM using transparent electrodes[J]. Precision Engineering，2015，40(1)：26—32.
[5] Hayakawa S，Sasaki Y，Itoigawa F，et al. Relationship between Occurrence of Material Removal and Bubble Expansion in Electrical Discharge Machining[J]. Procedia CIRP，2013，6(1)：174—179.
[6] Schulze H P，Wollenberg G. Investigation of the Gas Bubble Formation on Spark Erosion in Small Working Gaps[J]. IEEE Transactions on Dielectrics and Electrical Insulation，2006，13(3)：512—517.
[7]Schulze H P，Wollenberg G，Matzen S，et al. Origins of Gas Bubbles in a Small Work Gap During the Micro-EDM[C]. Pennsylvania，USA，Proceedings of the 15 th ISEM，2007：211—216.
[8]hang Y，Liu Y，Ji R，et al. Transient dynamics simulation of the electrical discharge-generated bubble in sinking EDM[J]. The International Journal of Advanced Manufacturing Technology，2013，68(5—8)：1707—1715.
[9]潘康．不同介质电火花表面强化 TC4 钛合金工艺研究[D]．天津：天津职业技术师范大学，2016.
[10]常伟杰，奚艳莹，陈远龙．高温合金和钛合金的电火花加工研究新进展[J]．航空制造技术，2017(3)：30—39.
[11]安海亮，郭红桥，曹明让．利用新型工作液和改进电极提高电火花加工性能的试验[J]．现代制造工程，2014(11)：91—94.
[12]欧阳波仪，程美．“蒸馏水＋煤油”混合液作为电火花加工介质的试验研究[J]．模具技术，2018(2)：45—49.
[13]李立青，赵万生，狄士春，等．气体介质中电火花铣削加工工艺试验研究[J]．南京理工大学学报(自然科学版)，2006(1)：12—16.
[14]李立青，郭艳玲．不同工作介质的电火花加工性能研究现状[J]．机床与液压，2008(10)：224—228＋278.
[15]张瑜，武美萍，吴克中．基于灰关联分析的不锈钢电火花加工工艺参数优化[J]．机械设计与研究，2017，33(6)：122—124＋129.
[16]王璟，祝锡晶，王建青，等．高硅铝合金电火花加工的工艺参数优化设计[J]．工具技术，2016，50(3)：47—49.

[17]车江涛，祝锡晶，王建青，等．TC4电火花加工的工艺参数优化设计[J]．机床与液压，2014，42(11)：16－18＋22.
[18]郭晓霞．电火花加工工艺电参数的优化[J]．现代制造工程，2013(11)：89－92.
[19]杨洋，朱贤峰，张杨．电火花电参数对小孔加工的影响[J]．机床与液压，2012，40(21)：80－82.
[20]贾振元，高升晖，王福吉，等．电火花加工中电参数对放电状态影响规律及其建模[J]．大连理工大学学报，2009，49(4)：518－525.
[21]郭成波．电火花铣削高效加工技术研究[D]．哈尔滨：哈尔滨工业大学，2016.

第4章　电火花铣削加工工艺研究

电火花加工中，为了提高加工质量，常会采取粗、中、精三种加工工艺，导致效率较低，尤其是在精加工中，耗费的时间非常长，所以，电火花加工常作为一种辅助加工方法。电火花铣削加工主要目的是去除材料，但提高加工效率后，会导致表面质量较差。为此，需要分析加工中各加工参数对材料去除率、表面粗糙度和热影响层的影响，检测分析加工后工件表面的变化，以此在高效率的前提下，尽可能提高表面质量。

4.1　电火花铣削加工 SKD11 的工艺试验研究

虽然电火花加工在金属材料加工上有其优势，但也有其缺点，包括电极损耗造成的尺寸、形状变化及加工屑排出难等。在电火花铣削中以加工屑排出最为突出，当材料去除率高，但在加工间隙中的加工屑无法有效排出时，间隙内的加工屑浓度会增加，使工件表面产生加工屑与碳渣堆积，电火花作用则会变得不稳定，材料去除率便会下降[1]。

目前，电火花铣削加工常采用增加脉冲间隙时间(脉间)、提高电极排渣高度、加强电火花加工液喷流强度等方法，使加工间隙内的加工屑能有效地排出，减少放电集中现象产生，或者利用程序控制的办法，控制电火花加工参数，并配合加工深度检测，以多组加工参数做多段性的电火花加工作业，达到减少放电集中现象发生，但这些方法多少会影响加工时间，使加工效率降低、加工成本提升[2]。因此，本试验主要以改善电火花铣削加工中加工屑排出不易的问题，从而提升材料去除率。

本试验提出加大加工间隙来增加流动空间、变小加工屑使其移动性更好，以及加速加工屑排出等方法来帮助加工屑排出；针对加大加工间隙和变小加工屑的方法，参考有关文献，在加工液里添加铝粉可达到这两个效果，因此，将添加铝粉的辅助机制作为一种改善方式；加速加工屑排出，则利用工件材质可被磁铁吸引的特点，在工件两侧增设磁铁，利用磁性吸引的方式，辅助加工屑快速排出[3]。

4.1.1 试验原理

为了验证这两种辅助机制的改善成效，本试验可分为四个阶段，试验初期先以提升材料去除率为主，在未加入辅助机制的电火花铣削加工中，取得一组较佳的电火花加工参数，作为后续试验的基础参数。再使用基础参数，分别对两种辅助机制做电火花加工试验，将结果与未加入辅助机制的结果作比对，确认提出的方法是否有改善效果，所以，第二阶段便将添加导电粉末的辅助机制加入电火花加工作业，由试验结果探讨改善成效。第三阶段则探讨添加磁场的辅助机制是否有达到改善效果。最后因为这三种改善方法各自有其效果，且可互相辅助，所以将这两种辅助机制同时应用在电火花加工作业中，再从所得到的材料去除率及改善率来探讨同时应用两种辅助机制加工时，加工效率是否会提升更明显。

1. 添加铝粉改善加工效率原理

图 4-1 所示为添加铝粉对极间间隙的影响示意图。从图 4-1 中得知，当添加铝粉至加工液中，可提升加工液的导电性来降低绝缘程度，在较大的加工间隙下即可突破绝缘产生放电现象。当加工间隙增加，加工屑及碳渣就有更多的空间来排出；另外，添加铝粉还能使放电能量分散，加工屑变小，如此加工屑更容易排出。

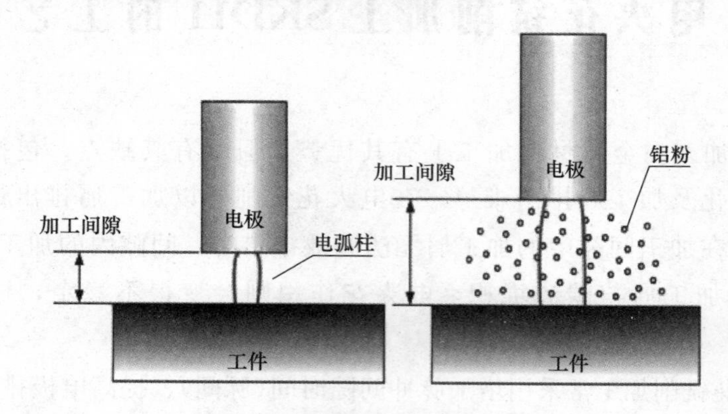

图 4-1 添加铝粉对极间间隙的影响

2. 磁场辅助改善加工效率原理

图 4-2 所示为增加磁场对加工状态影响的示意图。电火花加工初期加工深度尚浅，加工间隙中的加工屑，受到磁性的吸引，被迅速地带往强力磁铁上，因此，加工间隙内的加工屑便减少，放电不稳定的现象则能有效的改善；到了后期加工时，电火花加工深度大于排渣高度，虽无法像初期加工般有效地排渣，但是在加工时磁场仍可将位于电极中央部位的加工屑带往周边，减少电极中央放电集中现象和加工屑堆积情形。

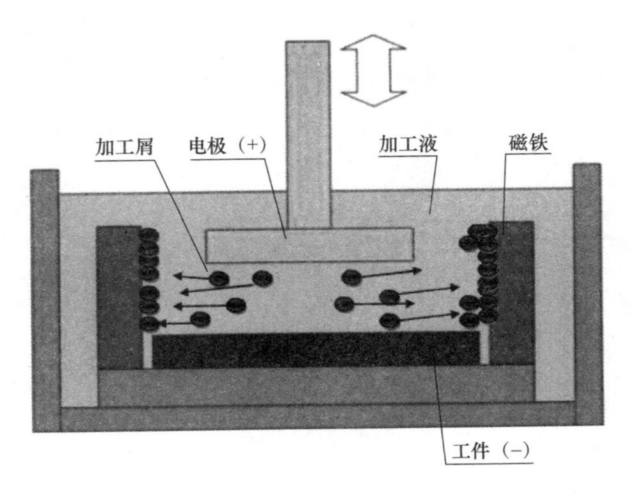

图 4-2　增加磁场对加工状态影响

4.1.2　试验方案

1. 试验仪器与设备

(1)电火花铣削机床。本试验采用改造的电火花铣削机床，具体参数见第 3 章。

(2)电磁加热搅拌器。本试验使用的 Fargo HMS-102 电磁加热搅拌器，通过电磁搅拌器带动磁石旋转，使铝粉可均匀分散悬浮于电火花加工溶液中。

(3)数位示波器。为观察实际放电的电压波形及流过电极的电流大小，使用 LeCroy 422 型示波器观察波形并记录加工过程中波形的变化情况。

(4)超声波洗净机。超声波洗净机的主要目的为洗净加工后残留于工件表面的铝粉与杂质，以确保后续观察量测时具有良好的表面状态。本试验使用的超声波洗净机，其型号为 CR-575D，振动频率可达 37.78 kHz。

(5)表面粗糙度仪。本试验中用以量测工件表面粗糙度的粗糙度仪，是由 Tokyo Seimitsu 生产的 surfcom 130a，可以量测中心线平均粗糙度(Ra)、最大粗糙度(R_{max})等数值。

(6)电火花线切割机。电火花线切割机用以切割加工后试验试片的大小，以利于后续采用低真空扫描式电子显微镜进行观察。

(7)低真空扫描式电子显微镜。在完成各项参数的试验后，利用低真空扫描式电子显微镜高倍率，观察工件在加工后的表面状态与加工形状，并且加以记录，作为各种参数的比较依据。本试验使用的低真空扫描式电子显微镜，其型号为 HITACHI S-3500N。

(8)电子天平。本试验使用型号为 Precisa XS 225A 的电子天平，其量测精度可达 10^{-4} g。利用此电子天平量测出所需的铝粉质量，以准确调配出添加于加工液的克数。

2. 试验材料

(1)电极材料。采用材质为红铜，直径为 ϕ30 mm、ϕ40 mm、ϕ55 mm 的三种电极开展试验，外观如图 4-3 所示，电极表面粗糙度为 $Ra3$ μm 左右。由于红铜导电、导热性较好，可减少电极的损耗，是较好的电极材料。其物理性质见表 4-1。

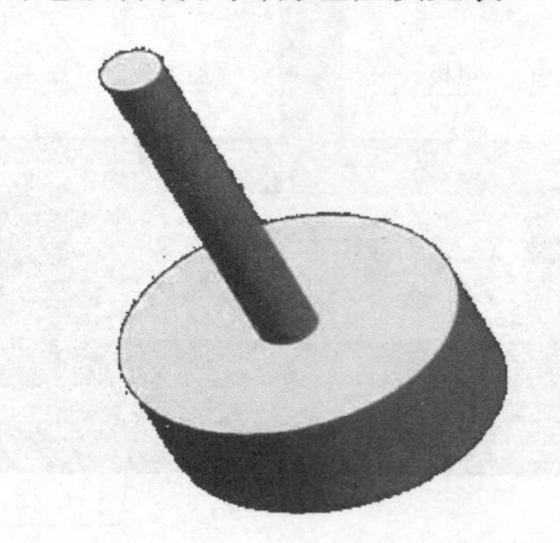

图 4-3　电极外观

表 4-1　红铜的物理性质

序号	指标	参数
1	密度/(g·cm^{-3})	8.94
2	熔点/℃	1 083
3	热传导率/[W·(m·K)$^{-1}$]	391
4	电阻率/(Ω·mm)	1.7×10^{-2}

(2)工件材料。本试验工件材料为 SKD11，尺寸为 70 mm×70 mm×10 mm，其物理性质见表 4-2。SKD11 具有优异的表面特性，在使用时不易因高温而软化、变形，且具有良好的耐磨性，因而被广泛地应用。

表 4-2　工件材料的物理性质

序号	指标	参数
1	熔点/℃	1 410
2	热传导率/[W·(m·k)$^{-1}$]	0.189
3	电阻率/(Ω·mm)	18.2

(3)电火花加工液。本试验使用的“蒸馏水＋煤油”混合液，具有高闪火点、冷却性良好等优点，同时对于精密加工及在高安培电流加工环境下，仍能发挥其优异的性能。

(4)铝粉。本研究需要添加铝粉于电火花加工液中，试验其是否有助于改善电火花铣削加工效率，铝粉的物理性质见表 4-3。

表 4-3　铝粉的物理性质

材料性质	粒径 /mesh	密度 /(g·cm^{-3})	热传导率 /[W·(m·K)$^{-1}$]	电阻率 /(Ω·mm)	熔点 /℃	比热/ (Cal·g^{-1}·℃$^{-1}$)
铝粉	325	2.7	2.38	2.45	660	0.215

(5)磁石。本试验需要为工件周围增设强力磁铁，以此导引加工屑排出，试验此作法是否有助于改善电火花铣削加工效率。试验中所使用的强力磁铁为钕铁硼磁石，外观尺寸为 50 mm×50 mm×10 mm，其物理性质见表 4-4。

表 4-4　钕铁硼磁石的物理性质

序号	指标	参数
1	残留磁束密度/(Wb·m^{-2})	14.0～14.5
2	保磁力/(K·Oe)	≥13.0
3	内保磁力/(K·Oe)	≥14
4	最大磁能积 BH_{max}/(MG·Oe)	48～51
5	最大工作温度/℃	<100

3. 试验步骤

本试验以 SKD11 材料为加工件，加工前需要先量测并记录工件的质量，试验参数范围见表 4-5。试验的初期，以提升材料去除率为主，在未加入辅助机制的电火花铣削加工中，取得一组较佳的电火花加工参数，作为后续试验的基础参数。

利用此组参数作以下三种改善方式的试验，再比对改善前后的结果，确认成效。

(1)在加工液中添加铝粉。

(2)在工件两端增加磁场。

(3)同时应用添加铝粉与磁场辅助电火花加工作业。

加工后将工件置入丙酮进行超声波振荡清洗，之后再量测其质量，从中计算出材料去除率，并且量测工件的表面粗糙度，最后以电子显微镜观察工件表面的形貌。

表 4-5　加工参数

序号	指标	参数
1	电流/A	10～30
2	脉冲时间/μs	50～300
3	冲击系数/%	50～83

续表

序号	指标	参数
4	工作电压/V	40
5	开路电压/V	310

4.1.3 结果与讨论

1. 加工参数对于材料去除率的影响

(1)放电电流的影响。图 4-4 所示为 SKD11 工具钢在不同电极尺寸与放电电流(I_p)下对材料去除率的影响。从图中得知，电极直径为 30 mm 时，材料去除率随着电流的上升而增加，但在电极直径为 40 mm 和 55 mm 时，其材料去除率并无明显随放电电流增大而增加。

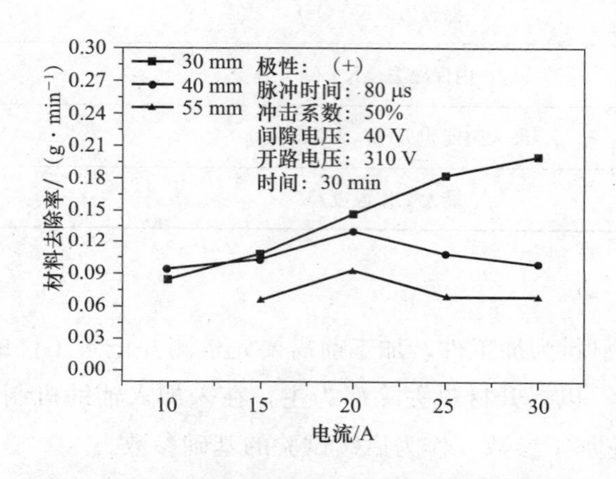

图 4-4 电极尺寸与放电电流对材料去除率的影响

一般来说，在相同的脉冲时间和其他参数下，随着放电电流的增大，所提供的热能与冲击力都会相对提升，增加的热能会使工件表面层被熔融的材料厚度加深、范围加大，冲击力度也会随之变大，使加工屑得以被充分地从极间间隙中冲走[4]。因此，放电现象稳定，材料去除率便随之增加，上述现象在电极直径 30 mm 的曲线上可明显看出；而电极直径增大至 40 mm 和 55 mm 时，其材料去除率曲线并没有像 30 mm 的曲线般呈现持续上升现象，而是在放电电流 20 A 前有上升趋势，因为电流加大后的效果没有使极间间隙中的加工屑不易排出，故材料去除率伴随着电流加大而增加，但放电电流增大到 20 A 后，由于材料移除量增加，连带加工屑产生的数量变多，再加上大尺寸电极会使排渣路径增长，如此使得极间间隙中的加工屑无法充分排出，又因加工屑为导电粒子，极间间隙中的导电粒子量过多，易降低放电间隙绝缘破坏的电压值，导致放电不稳定现象产生，而降低了材料移除效果。所以，后续试验以 30 A 为基础参数。

(2)脉冲时间的影响。图 4-5 所示为 SKD11 工具钢在不同电极尺寸与脉冲时间下的材料去除率。从图中得知，电极直径 30 mm、40 mm 和 55 mm 的材料去除率皆在脉冲时间50 μs 时有较佳的表现，之后随着脉冲时间的增加开始下降。

脉冲时间在 50 μs 时，代表相同工作时间下放电次数较多，虽然熔融工件深度和范围未达到最佳，但是密集的材料移除仍可得到不错的效果；当脉冲时间大于 50 μs 后，由于脉冲时间增加会使放电柱膨胀并分散原先设定的放电能量，因此，电流密度会下降，单位面积下的冲击力也就跟着减弱，所以材料去除率只有微幅的变化。

因材料去除率在脉冲时间 50 μs 时较高，故后续试验脉冲时间以 50 μs 为基础参数之一。

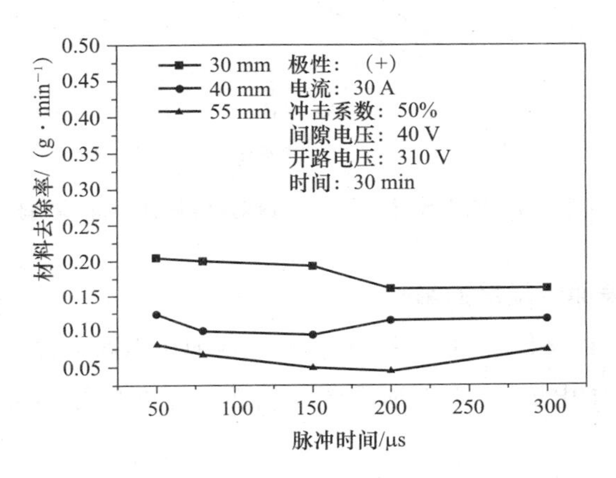

图 4-5　电极尺寸与脉冲时间对材料去除率的影响

(3)冲击系数的影响。图 4-6 所示为 SKD11 工具钢在不同电极尺寸与脉间时间下对材料去除率的影响。从图中电极尺寸 30 mm 和 40 mm 的材料去除率曲线中可以得知，随着冲击系数的增加，材料去除率也明显地呈现剧增的趋势，其原因为冲击系数的增加代表着脉冲间隔时间缩短，在固定的加工时间中，放电次数倍增，而加工后的材料去除率自然会提升。而在电极尺寸 55 mm 的材料去除率曲线中，冲击系数为 50%～70%时，与电极尺寸 30 mm 和 40 mm 的材料去除率曲线一样有剧增趋势，但超过 70%后则剧降，是因为电火花加工到了后期，加工深度增加，加工件中央区域排渣路径变长，加工屑不易排出；又因冲击系数加大，脉冲间隔时间变短，排渣显得更困难，且文献中提到较大的电极尺寸其爆压力较小，使得加工件中央区域加工屑浓度较高，降低了放电间隙绝缘破坏电压强度，容易产生放电，造成放电集中的异常现象；又因放电点相同的异常放电会有局部温度提升情形，而局部温度提升将使加工液中的碳原子更容易分解成碳化物，所以，加工件中央区域形成一积炭严重的小山丘，如此材料去除率才会大幅下降；从上述得知，在电火花铣削加工中，解决加工屑排出的问题是最为重要的。

(4)基础参数的选定。从前面的试验可以得到一组加工参数，当采用正极性，电流为 30 A、脉冲时间为 50 μs、冲击系数为 83%、电压为 310 V 时应该有良好的材料去除率，但因为加工屑无法排出，造成加工屑及碳渣堆积与放电集中现象，使材料去除率急速下降，因此，将此组参数作为基础参数，当提出的改善方式有发挥效果后，材料去除率自然会提升。

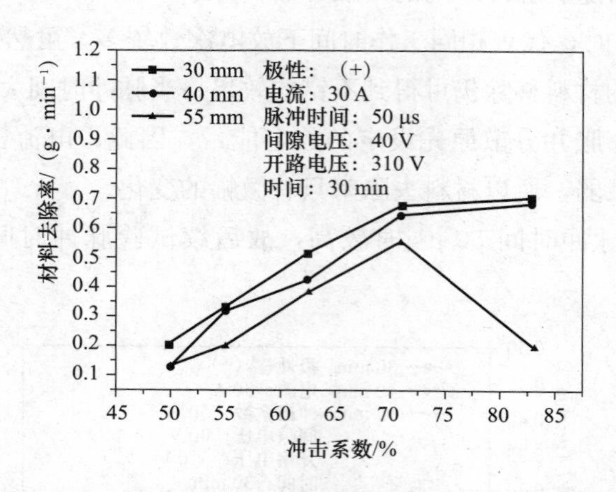

图 4-6　电极尺寸与冲击系数对材料去除率的影响

2. 加工参数对于表面粗糙度的影响

(1)放电电流的影响。图 4-7 所示为 SKD11 工具钢在不同电极尺寸与放电电流下对表面粗糙度的影响。图 4-7 中电流 10 A 时所得到的表面粗糙度最佳，随着放电电流的加大，表面粗糙度也随之变大。

影响电火花加工后表面粗糙度的主要因素在于工件表面所产生放电痕迹的宽度、深度。一般来说，随着电流增加，表面粗糙度也增大，因为当电流增加，其所产生的能量在放电下会使膨胀电弧柱的直径加大，使工件表面造成较大的放电坑洞及深度，并且当爆压力将熔融金属冲离表层后，其坑洞边缘击起得越高，使得加工后的工件表面越崎岖不平，因而造成表面粗糙度增加[5]。

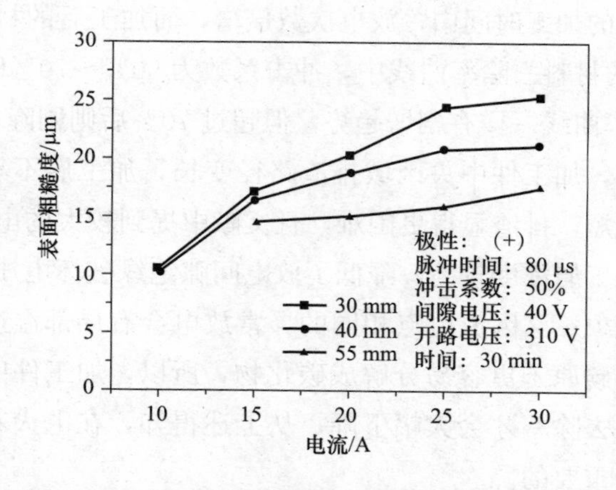

图 4-7　电极尺寸与放电电流对表面粗糙度的影响

对照图 4-7 所示的材料去除率来说，电极直径为 30 mm、40 mm 和 55 mm 的表面粗糙度曲线，会随着材料去除率增加或趋缓有所改变，而电极直径为 55 mm 的材料去除率虽然变化不大，但因电流增加会使电弧柱膨胀，进而影响放电痕迹的宽度、深度，使得电极直径 55 mm 的表面粗糙度曲线有所变化，不过变化差异会比电极直径为 30 mm 和 40 mm 的表面粗糙度曲线来得小。

(2)脉冲时间的影响。图 4-8 所示为 SKD11 工具钢在不同电极尺寸与放电脉冲时间下对表面粗糙度的影响。从图 4-8 中得知，电极直径为 30 mm、40 mm 与 55 mm 时随着脉冲时间的增加，表面粗糙度也跟着增加。其原因为当脉冲时间增加，放电所累积的能量越大，工件表面熔融得越深则面积会越大，而加工液被放电时高温汽化所产生的爆压力，将熔融金属冲离加工区域，而残留于工件表面的放电痕迹深度将越深，因为工件表面高低起伏的差异变大，故表面粗糙度便随之加大。

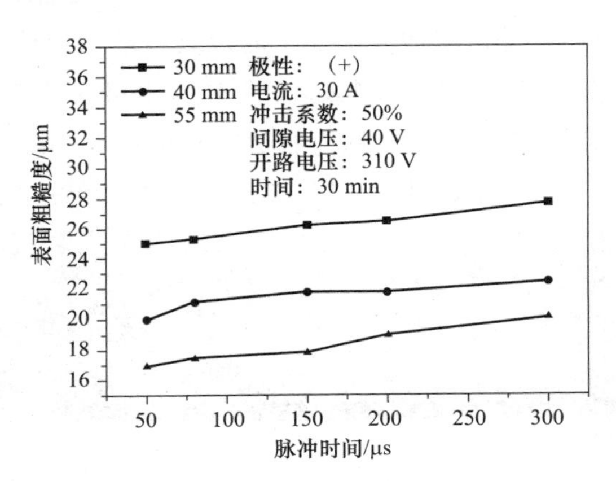

图 4-8　电极尺寸与脉冲时间对表面粗糙度的影响

(3)冲击系数的影响。图 4-9 所示为 SKD11 工具钢在不同电极尺寸与冲击系数下对表面粗糙度的影响。图 4-9 中电极直径为 30 mm、40 mm 和 55 mm 的表面粗糙度值随着冲击系数曲线上升而增加。

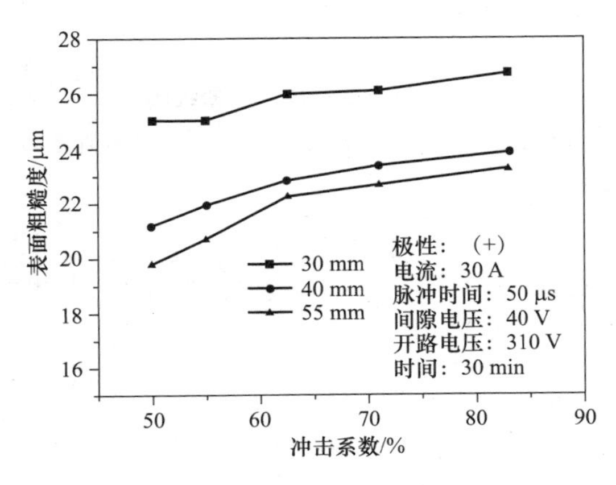

图 4-9　电极尺寸与冲击系数对表面粗糙度的影响

上述现象与冲击系数增加使材料去除率增加、表面粗糙度也会增加的想法符合，原因在于冲击系数减小，代表固定时间内放电次数减少，所产生的加工屑少，脉冲间隔时间长，加工屑有足够的时间排出，所以表面粗糙度较佳；当冲击系数增加时，固定时间内放电次数增加，材料去除率加大，所产生的加工屑多，加上脉冲间隔时间减短，加工屑没有足够的时间排出，使工件中央区域放电极集中现象产生，加工屑及碳渣堆积在工件表面，造成表面粗糙度加大。

3. 加工参数对于表面形貌的影响

图 4-10 所示为不同电极尺寸下，经由放电参数电流为 30 A、脉冲时间为 50 μs、冲击系数为 83%加工后的工件中央表面 SEM 图。从 SEM 图中可以得知，加工件中央表面出现了加工屑及碳渣堆积的情况，且比照三种尺寸放电所残留的表面状况，以电极直径为 55 mm 情形最严重。图 4-11 所示为表面粗糙度量测曲线图，观察图后可发现电极直径为 55 mm 的曲线中间位置有击起现象(方框处)，此击起地方即加工屑及碳渣堆积最严重的位置，虽然 30 mm 和 40 mm 的曲线中间位置有类似情形(方框处)，但皆无电极尺寸 55 mm 的曲线如此明显。图 4-12 所示为电压电流波形图，图中显示直径为 30 mm、40 mm 和 55 mm 电极在加工 25 min后，放电效果皆变得不稳定，其中又以 55 mm 放电作用减少最多。

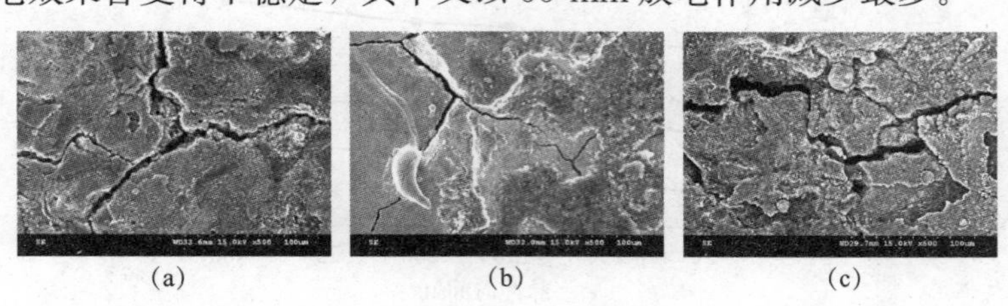

(a) (b) (c)

图 4-10　工件表面 SEM 图

(a)电极直径 30 mm；(b)电极直径 40 mm；(c)电极直径 55 mm

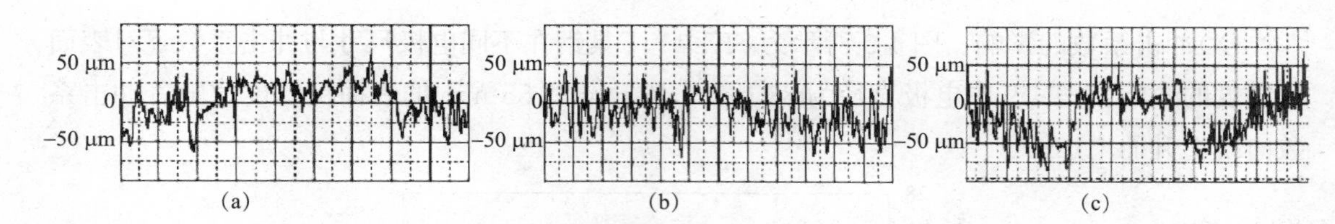

(a) (b) (c)

图 4-11　粗糙度量测曲线图

(a)电极直径 30 mm；(b)电极直径 40 mm；(c)电极直径 55 mm

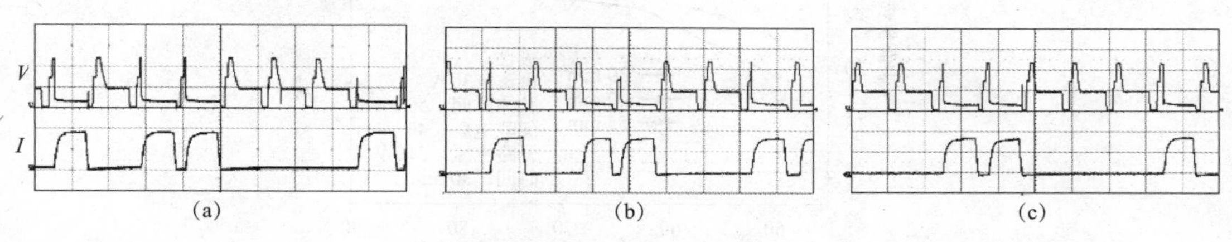

(a) (b) (c)

图 4-12　电压电流波形图

(a)电极直径 30 mm；(b)电极直径 40 mm；(c)电极直径 55 mm

根据材料去除率及表面粗糙度探讨，可以发现在放电电流 30 A、脉冲时间 50 μs、冲击系数 83% 时，电极直径为 30 mm 和 40 mm 的材料去除率最佳，但在电极直径 55 mm 的材料去除率却非如此，其原因为电极直径较大，加工屑排出距离长，容易造成加工屑排出困难，一旦加工屑无法有效排出，即会慢慢地堆积于靠近加工件中央位置的加工间隙内，如此便会使放电作用都集中在中央位置，当这一过程反复地在加工时发生，材料去除率便会下降，出现加工屑与炭渣堆积的情形，可从电极直径 55 mm 加工后的表面(图 4-13)得到验证，图 4-13 中显示加工件中央加工屑与碳渣严重堆积，致使电火花加工后期产生电流放电愈趋困难及放电集中现象，因而降低加工效率。

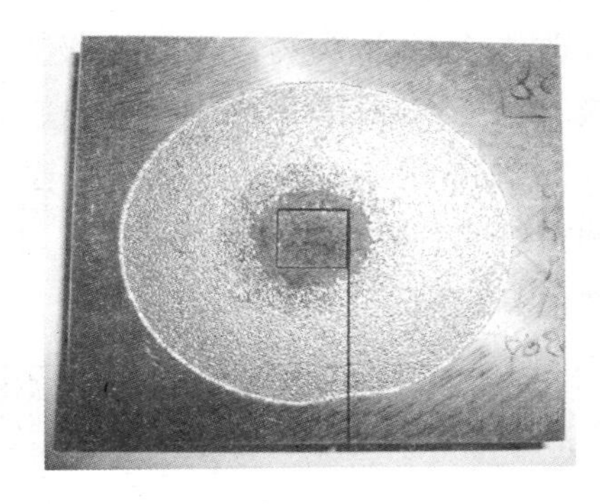

图 4-13　电极直径 55 mm 加工后表面

因此，为了能够改善加工屑与炭渣堆积情况，将利用这一组加工参数，做后续改善方法的基础参数，以验证所提出的改善方法是否有达到其成效。

4. 添加铝粉的改善效果

图 4-14 所示为不同电极直径下，添加铝粉前后对材料去除率的影响。从图中可以得知，在未添加铝粉前，材料去除率随着电极直径的增加而下降，尤其以电极直径 55 mm 最为严重，其材料去除率仅为 0.2 g/min，该数值不到电极直径 30 mm 或 40 mm 材料去除率的 1/3，表示电极直径 55 mm 在放电初期已发生了因加工屑排出异常所造成的不稳定放电情况，致使材料去除率下降。

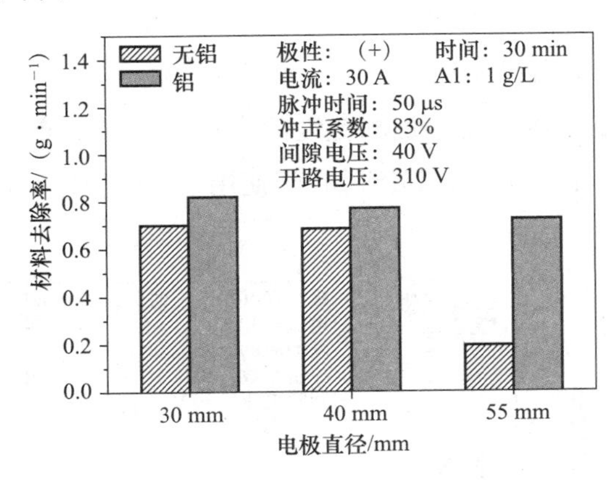

图 4-14　添加铝粉前后对材料去除率的影响

在加工液里添加铝粉后，铝粉产生了分散放电能量及放电架桥作用提早两种功效，使加工屑细微化与加工间隙加大，加工屑因此更容易被流动的加工液带走，所以工件中央加工屑堆积现象与放电不稳定情况得到了有效的控制。

图 4-15 所示为添加铝粉后的材料移除改善率。由图可知，电极尺寸 55 mm 的材料

移除改善率高达70%以上，电极直径30 mm的材料移除改善率次之，为15%左右，电极直径40 mm的材料移除改善率则在10%左右。改善率有如此差别的原因在于电极直径55 mm的不稳定放电情况因受到加工液添加铝粉的效应提早改善，所以在累积长时间持续又稳定的电火花加工后，自然材料移除改善率会比电极直径30 mm和40 mm的数值高出数倍。

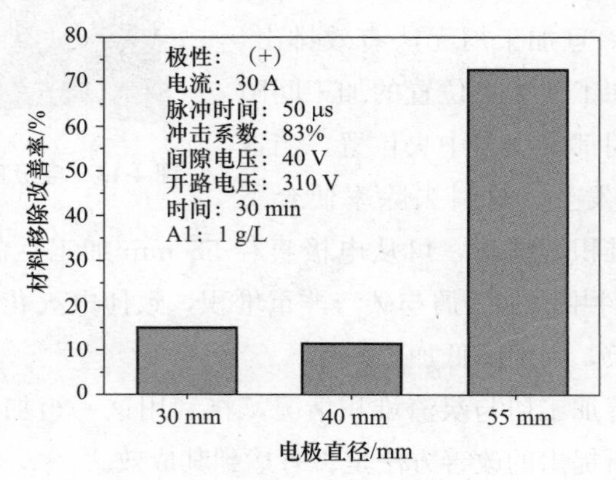

图4-15　添加铝粉后的材料移除改善率

电极直径30 mm的材料移除改善率略高于电极直径40 mm的材料移除改善率则是因为电极直径30 mm的加工深度到加工后期比电极直径40 mm的深度更大，使加工屑排出困难，加工后期发生放电不稳定的情形增加，材料移除效果便受到限制，可是当添加铝粉后，加工屑排出有了改善，改善率则随之提升；电极直径40 mm因为其加工深度尚浅及放电面积的影响未达到严重情形，所以添加铝粉后的改善率较低。

图4-16所示为添加铝粉前后对表面粗糙度的影响。在加工液添加铝粉后表面粗糙度有下降情形，但效果似乎并不如预期，其原因在于使用30 A电流所产生的放电坑过大，添加铝粉后的改善相当有限。

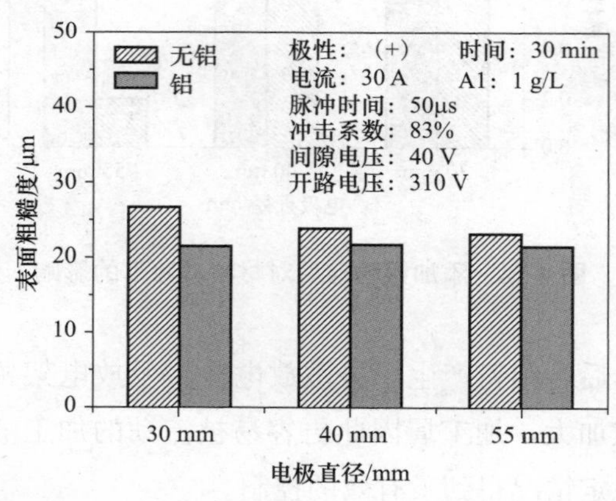

图4-16　添加铝粉前后对表面粗糙度的影响

图 4-17～图 4-19 所示为不同电极尺寸下，添加铝粉前后的粗糙度量测曲线图；观察电极直径为 30 mm、40 mm 和 55 mm 添加铝粉后的粗糙度量测曲线发现三者都呈现稳定的上下起伏，对照添加铝粉前中央位置有击起的状况(方框处)改善了不少。

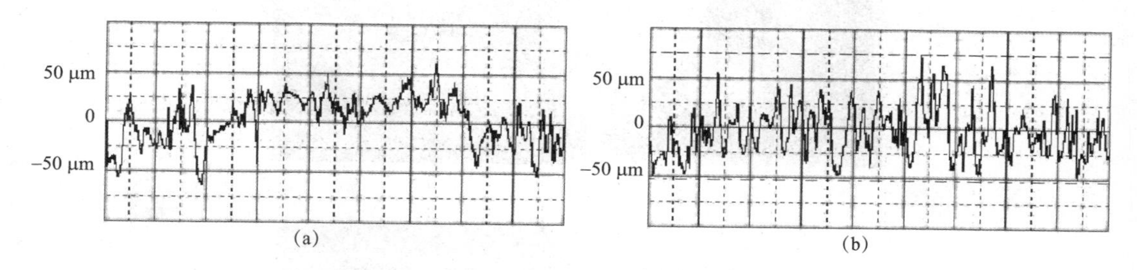

图 4-17　电极直径 30 mm 时粗糙度量测曲线图

(a)未添加铝粉；(b)添加铝粉

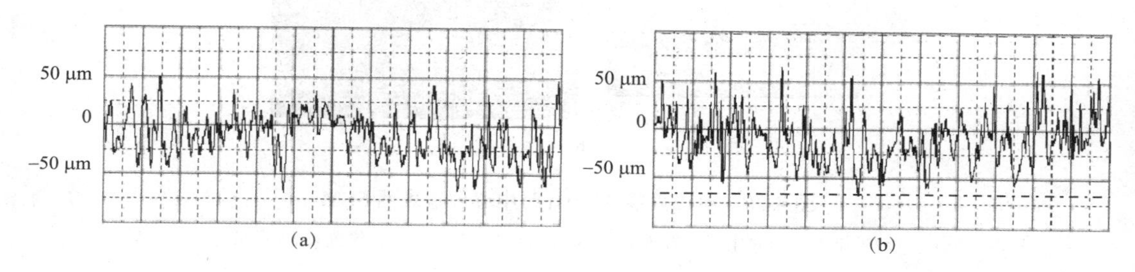

图 4-18　电极直径 40 mm 时粗糙度量测曲线图

(a)未添加铝粉；(b)添加铝粉

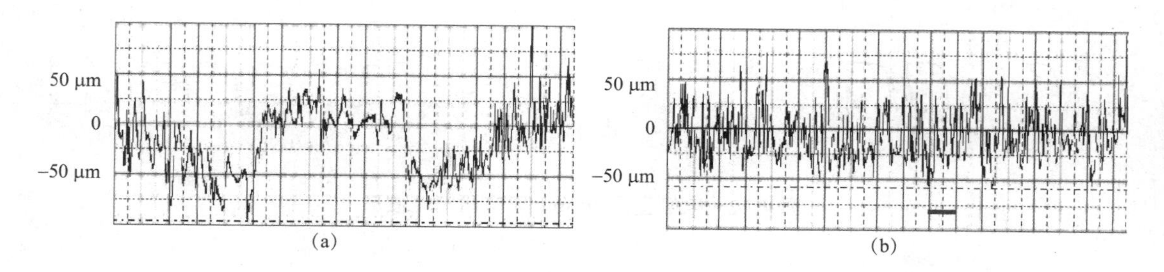

图 4-19　电极直径 55 mm 时粗糙度量测曲线图

(a)未添加铝粉；(b)添加铝粉

图 4-20 所示为添加铝粉前后中心位置表面 SEM。从图 4-20 中得知，在电极直径为 55 mm 时，添加铝粉加工后的表面已没有明显的加工屑与碳渣堆积现象，且加工所产生的表面裂痕也变小了。

图 4-21～图 4-23 所示为不同电极尺寸下，添加铝粉前后的电压电流波形。从这三幅图中可以看出，三种电极直径在添加铝粉后单位时间内放电作用的次数比改善前放电作用的次数增加，尤其电极直径为 55 mm 的次数更是增加最多。

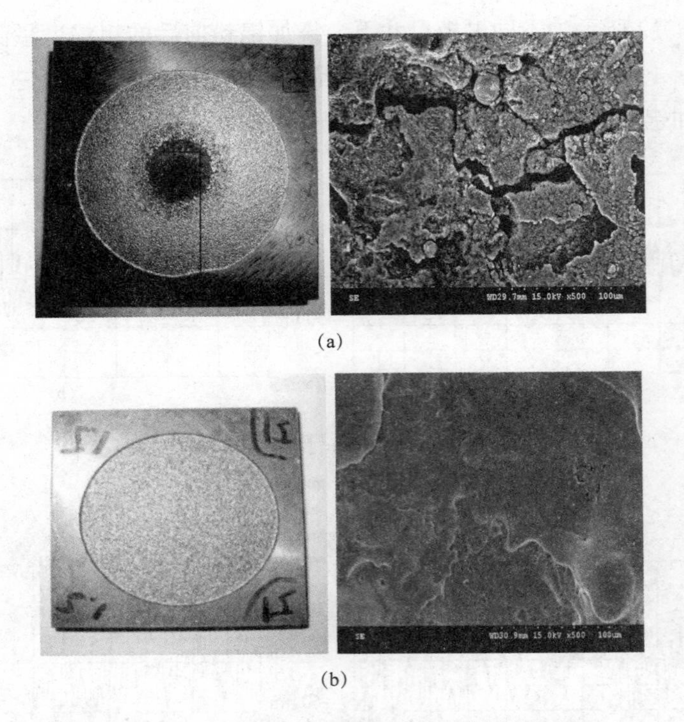

图 4-20　电极直径 55 mm 时中心位置表面 SEM

(a)未添加铝粉时中心位置表面 SEM；(b)添加铝粉时中心位置表面 SEM

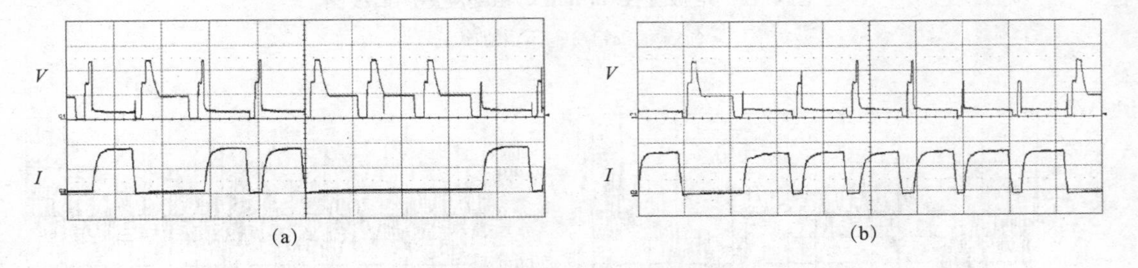

图 4-21　电极直径 30 mm 时电压电流波形

(a)未添加铝粉；(b)添加铝粉

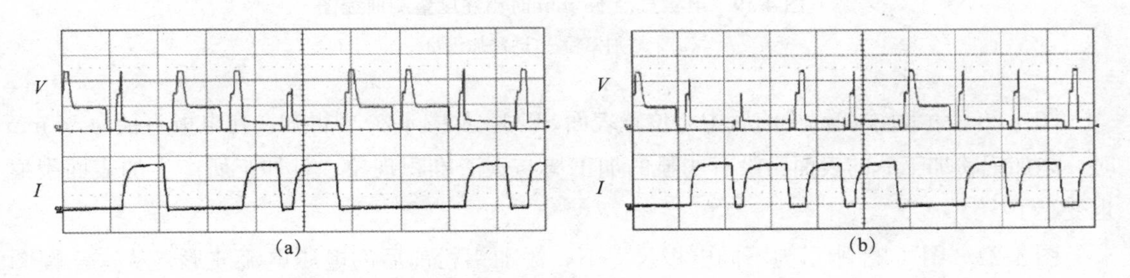

图 4-22　电极直径 40 mm 时电压电流波形

(a)未添加铝粉；(b)添加铝粉

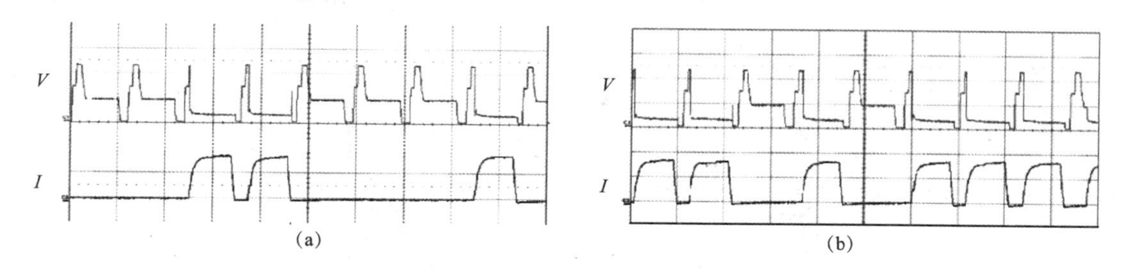

图 4-23　电极直径 55 mm 时电压电流波形

(a)未添加铝粉；(b)添加铝粉

从上述结果可知，在电火花铣削加工下，加工液中添加铝粉的辅助机制对于加工屑排出有其成效。

5. 增加磁场的改善效果

图 4-24 所示为增加磁场前后对材料去除率的影响。从图 4-24 中可以看出，增加磁场后材料去除率在电极直径为 30 mm、40 mm 和 55 mm 时都有明显提升，如此说明了增加磁场确实可以改善加工效率，提升材料去除率，因为磁场的增加会使带有被磁性吸引的加工屑加速往磁铁方向前进，也因为这股力量带动了周围加工屑的流动，使极间间隙内多数的加工屑被带离，如此解决了加工屑排出不易的问题，材料去除率便有了有效的改善。

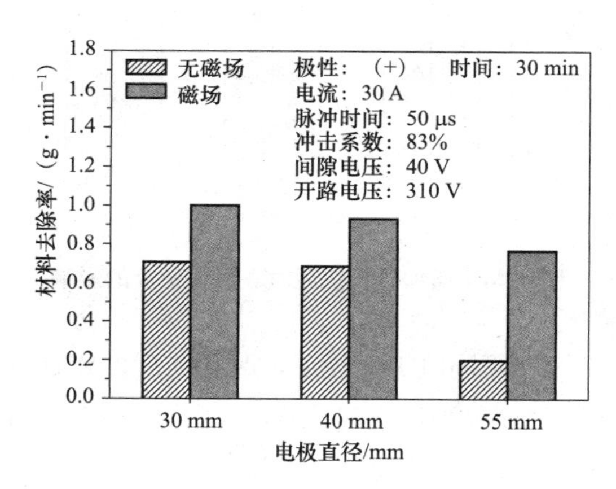

图 4-24　增加磁场前后对材料去除率的影响

增加磁场后材料移除改善率如图 4-25 所示。仍以电极直径为 55 mm 的改善率最高，达到 70%以上，电极直径为30 mm 和 40 mm 的改善率则分别为 25%和 15%左右。电极直径为55 mm的改善率较高是因为增加磁场后，放电集中现象相较于改善前大幅减少，长时间的高材料去除率作用下，改善幅度便大幅提升；电极直径为 30 mm 则因加工到后期因深度的关系才出现放电不稳定现象，在加入磁场改善后，材料移除改善率自然会比受面积和深度影响较少的电极直径为 40 mm 的改善率稍多。

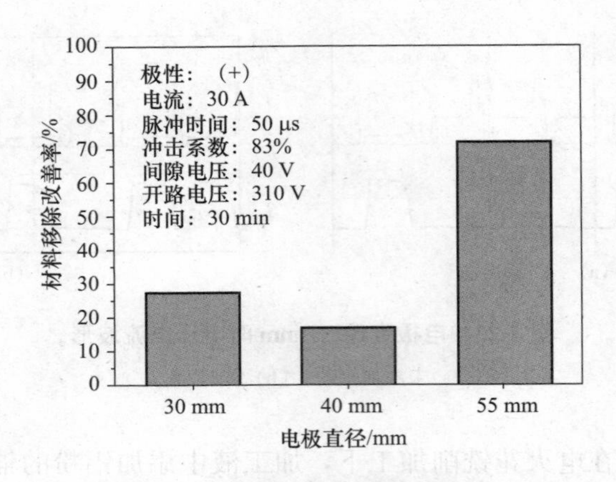

图 4-25　增加磁场后材料移除改善率

增加磁场前后对表面粗糙度的影响如图 4-26 所示。改善后粗糙度值皆有下降趋势，其原因为加工件表面加工屑及碳渣堆积现象得到有效的改善，表面粗糙度数值便会下降。

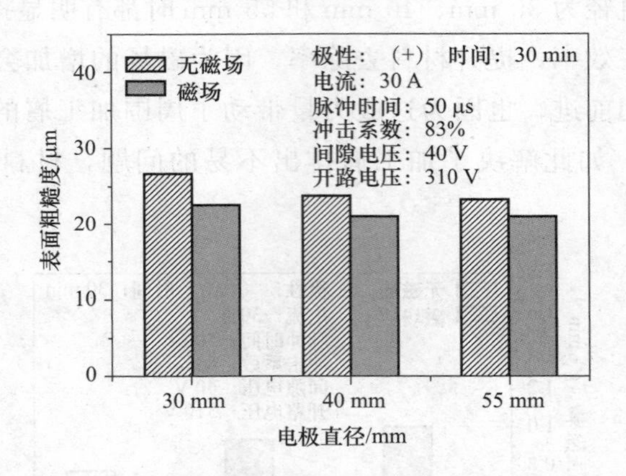

图 4-26　增加磁场前后对表面粗糙度的影响

图 4-27～图 4-29 所示为在不同电极直径下，改善前后的粗糙度量测曲线图；观察三种不同的电极直径改善后的粗糙度量测曲线起伏状况，与改善前中央位置有击起的情形(方框处)明显不见了，电极直径为 55 mm 的曲线更容易看出。

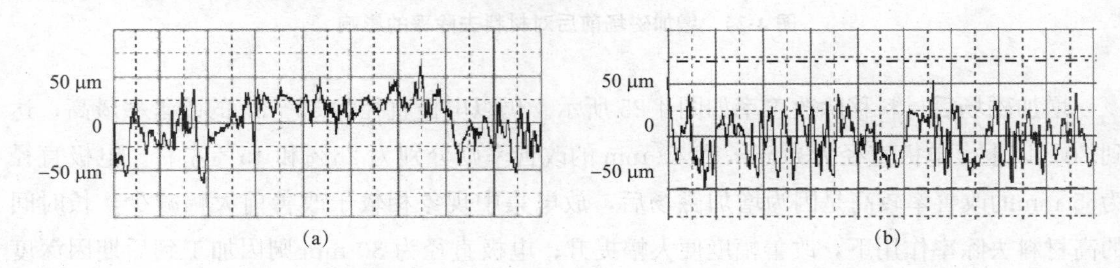

图 4-27　电极直径 30 mm 时粗糙度量测曲线图

(a)未增加磁场；(b)增加磁场

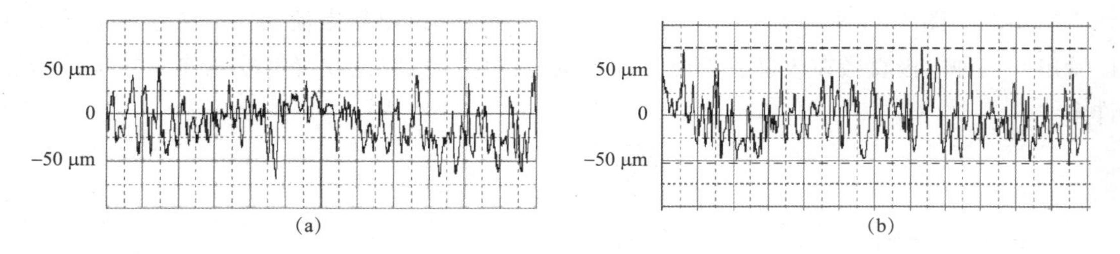

图 4-28　电极直径 40 mm 时粗糙度量测曲线图

(a)未增加磁场；(b)增加磁场

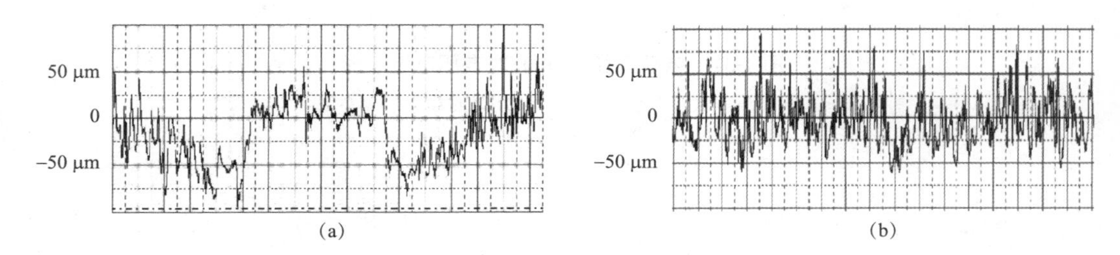

图 4-29　电极直径 55 mm 时粗糙度量测曲线图

(a)未增加磁场；(b)增加磁场

图 4-30 所示为增加磁场前后中心位置表面 SEM。从图 4-30 中可知，电极直径为 55 mm 在增加磁场加工后的表面已没有加工屑与炭渣堆积现象。

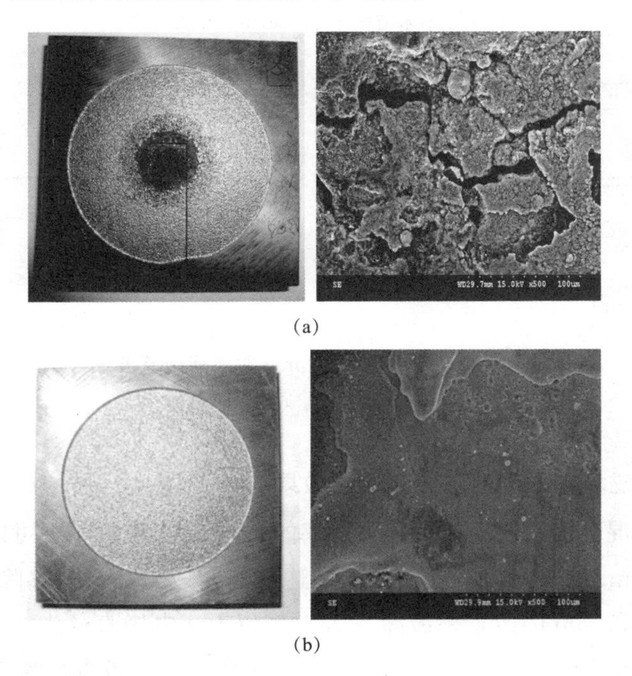

图 4-30　增加磁场前后电极直径 55 mm 时中心位置表面 SEM

(a)未增加磁场时中心位置表面 SEM；(b)增加磁场时中心位置表面 SEM

图 4-31～图 4-33 所示为不同电极直径下，改善前后的电压电流波形。从这三幅图中可以看出，三种电极直径在改善后单位时间内放电作用的次数比改善前放电作用的次数增加许多。

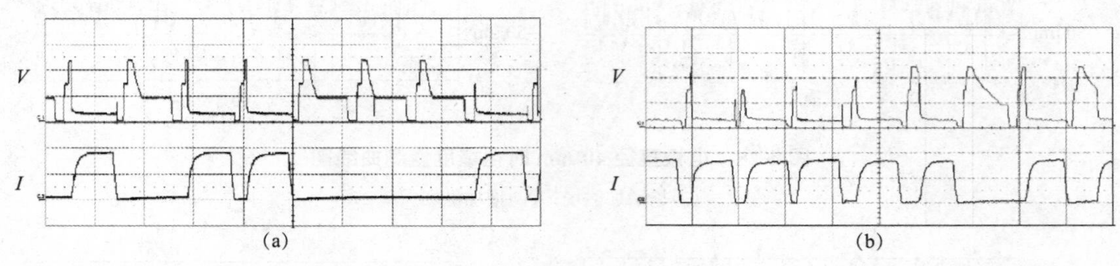

图 4-31　电极直径 30 mm 时电压电流波形

(a)未增加磁场；(b)增加磁场

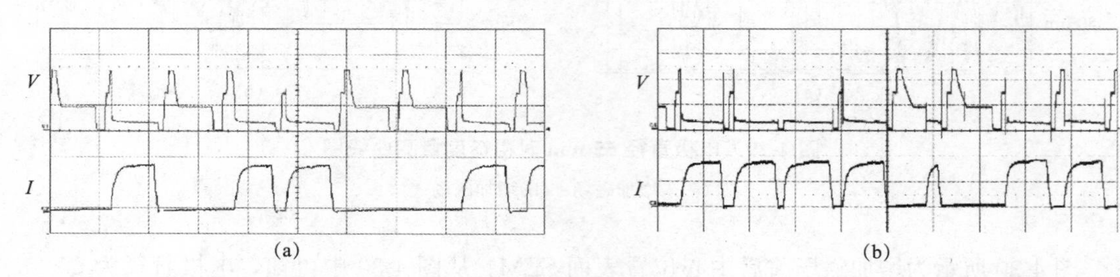

图 4-32　电极直径 40 mm 时电压电流波形

(a)未增加磁场；(b)增加磁场

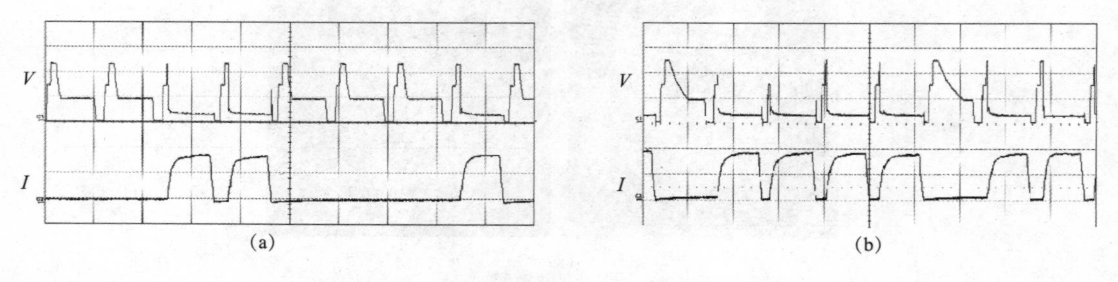

图 4-33　电极直径 55 mm 时电压电流波形

(a)未增加磁场；(b)增加磁场

6. 添加铝粉与磁场辅助混合加工的改善效果

图 4-34 所示为混合加工前后对材料去除率的影响。从图 4-34 中可以看出，材料去除率在电极直径为 30 mm、40 mm 和 55 mm 时皆达到提升效果，材料移除改善率如图 4-35 所示，仍以电极直径 55 mm 的改善率最高，达 70％以上，电极直径为 30 mm 和 40 mm 的改善率则分别为 30％和 26％左右。其原因也如上一节所说，电极直径为 55 mm 因面积大、电极直径为 30 mm 因加工深度深使放电不稳定，在改善放电不稳定后，材料移除改善率便提高较多。

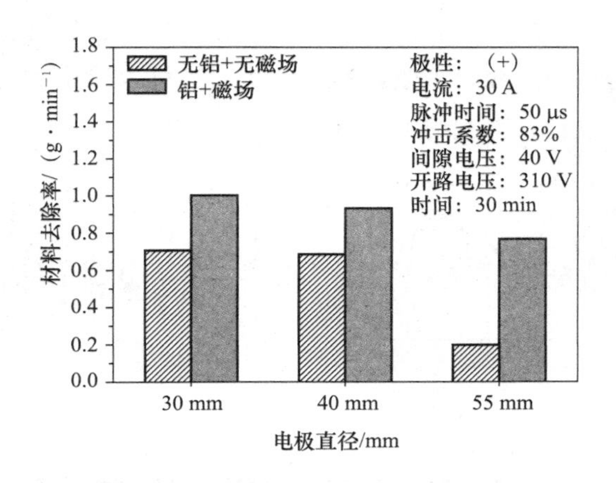

图 4-34　混合加工前后对材料去除率的影响

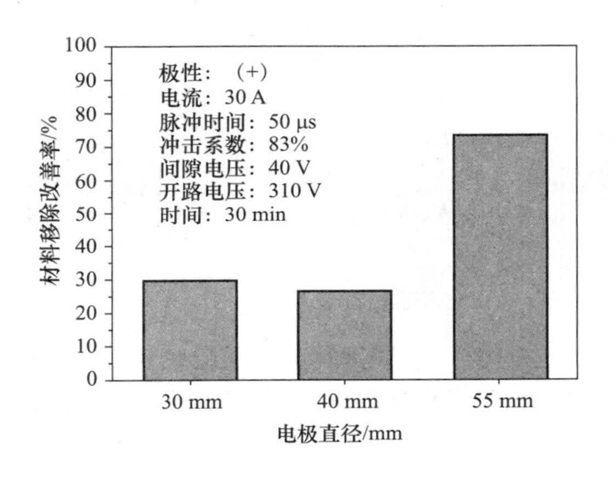

图 4-35　混合加工后材料移除改善率

图 4-36 所示为混合加工前后对表面粗糙度的影响，观察后发现在改善放电集中现象后，表面粗糙度 Ra 数值多落在 22 μm 左右，且都比未改善前降低，其成因和前面两种辅助机制相同，改善工件中央积炭现象后，表面粗糙度数值自然会下降。

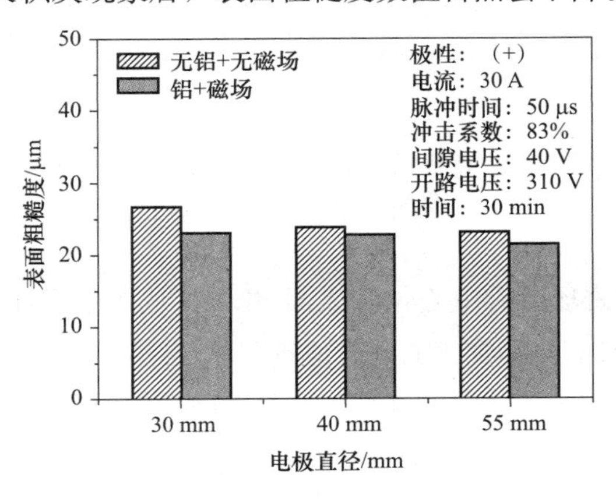

图 4-36　混合加工前后对表面粗糙度的影响

图 4-37～图 4-39 所示为不同电极直径下，改善前后的表面粗糙度量测曲线图。比较混合式加工后三种直径的量测曲线与未改善前的曲线明显可以看出改善后曲线上下起伏稳定，没有如改善前曲线中央位置有击起情形(方框处)。

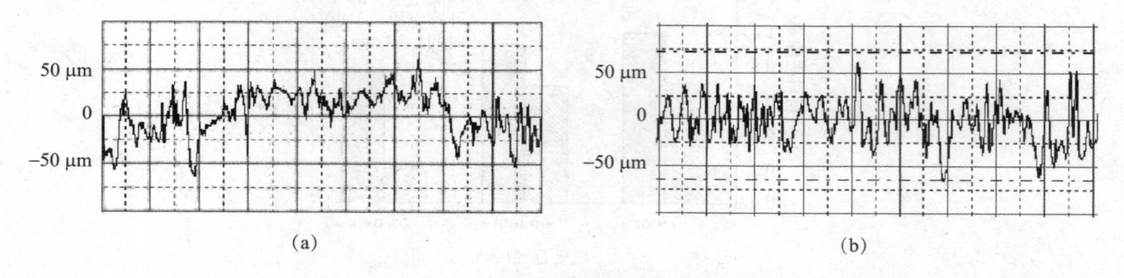

图 4-37　电极直径 30 mm 时粗糙度量测曲线图

(a)非混合加工；(b)混合加工

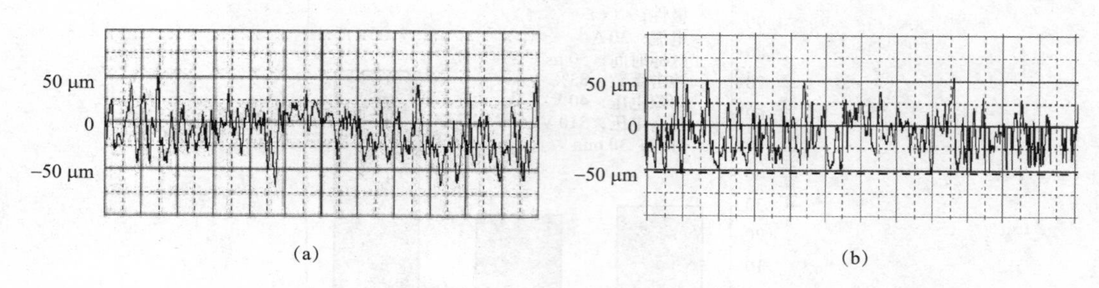

图 4-38　电极直径 40 mm 时粗糙度量测曲线图

(a)非混合加工；(b)混合加工

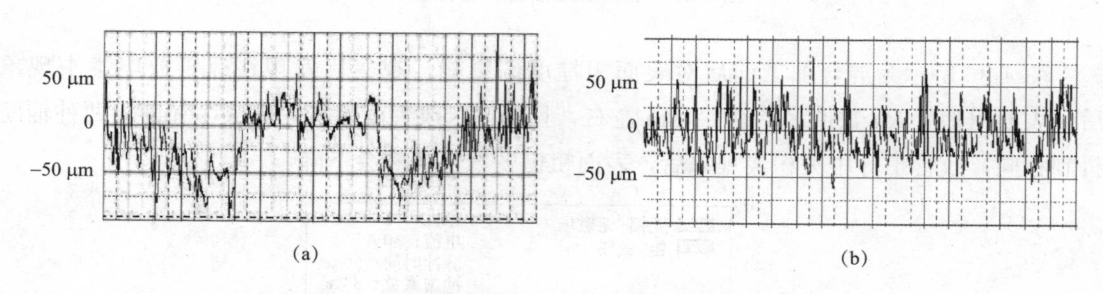

图 4-39　电极直径 55 mm 时粗糙度量测曲线图

(a)非混合加工；(b)混合加工

图 4-40 所示为增加磁场前后中心位置表面 SEM。从图中得知，电极直径 55 mm 在混合加工后的中央表面已没有堆积加工屑与碳渣现象。

图 4-41～图 4-43 所示为不同电极直径下，改善前后的电压电流波形。比对改善前后的放电作用次数与稳定度，无论何种直径的电极，改善后皆比改善前来得稳定，且放电次数也较多。

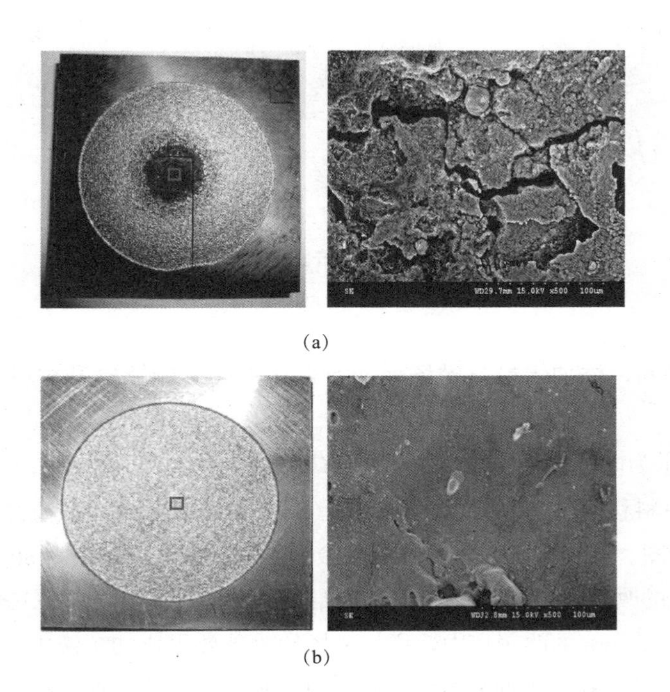

图 4-40　混合加工前后电极直径 55 mm 时中心位置表面 SEM

(a)非混合加工时中心位置表面 SEM；(b)混合加工时中心位置表面 SEM

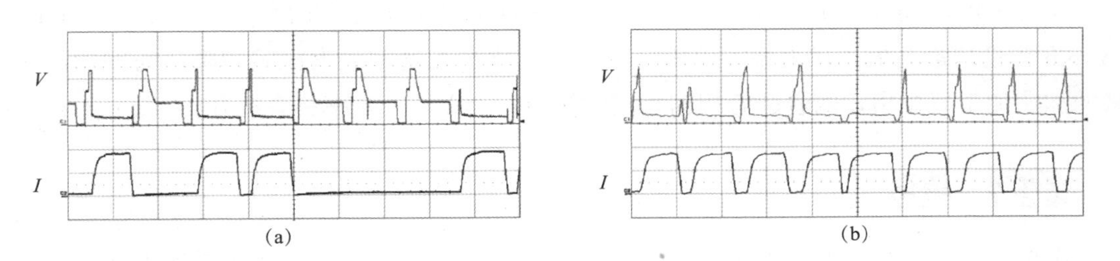

图 4-41　电极直径 30 mm 时电压电流波形

(a)非混合加工；(b)混合加工

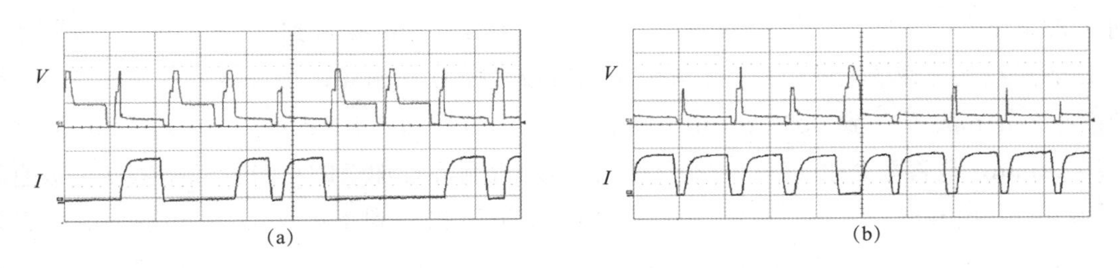

图 4-42　电极直径 40 mm 时电压电流波形

(a)非混合加工；(b)混合加工

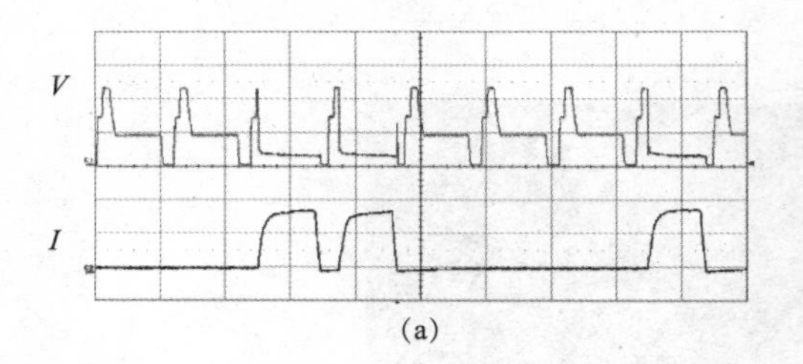

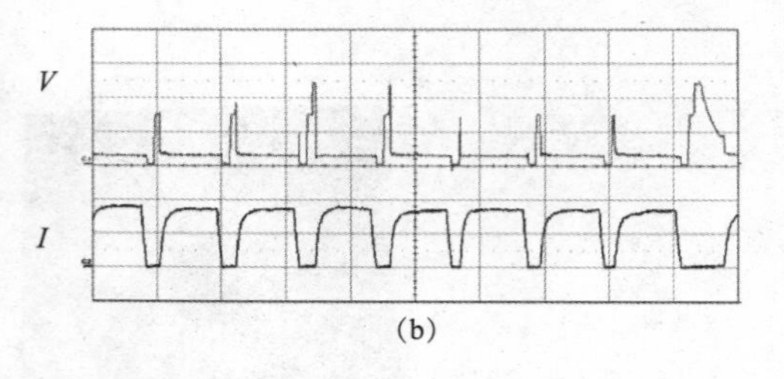

图 4-43　电极直径 55 mm 时电压电流波

(a)非混合加工；(b)混合加工

由上述结果判断，添加铝粉与磁场辅助混合加工确实能够提升材料去除率且改善放电不稳定现象。

图 4-44(a)所示为电极直径为 30 mm 材料移除改善率的综合比较图；图 4-44(b)所示为电极直径为 40 mm 材料移除改善率的综合比较图；图 4-44(c)所示为电极直径为 55 mm 材料移除改善率的综合比较图。从图 4-44(a)和图 4-44(b)中得知，在电极直径为 30 mm 和 40 mm 的改善率中，增加磁场的改善效果比加工液中添加铝粉的改善率高出 5%～15%；从图 4-44(c)中得知，电极直径为 55 mm 的改善率中，增加磁场的改善效果比加工液中添加铝粉的改善率低 1%左右，这说明了电火花加工面积增大，磁场对于加工屑的排出效果会随之下降，因为大面积中央部位的加工屑受到极间间隙的限制，又加上排出路径较长，所以往电极周围排出速度会比电极直径较小的来得慢，因此效果便会下降。

从图中可以得知，在复合式加工的改善率上，无论电极直径是 30 mm、40 mm 或 55 mm 皆呈现最高值，代表添加铝粉带来的细微化加工屑和放大极间间隙，与增加磁场带来的加速加工屑排出，两者起着相辅相成的作用，因此加工效率将会提升。

4.1.4　结论

本试验主要研究如何改善电火花铣削加工中加工屑排出，以及提高材料去除率。试验研究发现，当电火花加工面积越大或电火花加工深度越深时，在材料去除率越好的情况下，加工屑和碳渣堆积情形及放电集中现象更容易发生，且发生位置多位于工件中央。添加铝粉后的材料去除率依据电极直径为 30 mm、40 mm、55 mm 顺序，分别由 0.7 g/min 提升到 0.83 g/min，0.69 g/min 提升到 0.77 g/min，0.2 g/min 提升到 0.72 g/min，改善率介于 12%～72%。磁场辅助的材料去除率依据电极直径为 30 mm、40 mm、55 mm 顺序，分别由 0.7 g/min 提升到 0.97 g/min，0.69 g/min 提升到 0.83 g/min，0.2 g/min 提升到 0.70 g/min，改善率介于 17%～72%。两种辅助机制混合加工的材料去除率依据电极直径为 30 mm、40 mm、55 mm 顺序，分别由 0.7 g/min 提升到 1 g/min，0.69 g/min 提升到 0.93 g/min，0.2 g/min 提升到 0.75 g/min，改善率介于 26%～74%。三种电火花铣削加工改善方法都可有效地改善放电集中现象，减少积炭产生，其中又以两种辅助机制混合加工所得到的材料移除效果最佳。

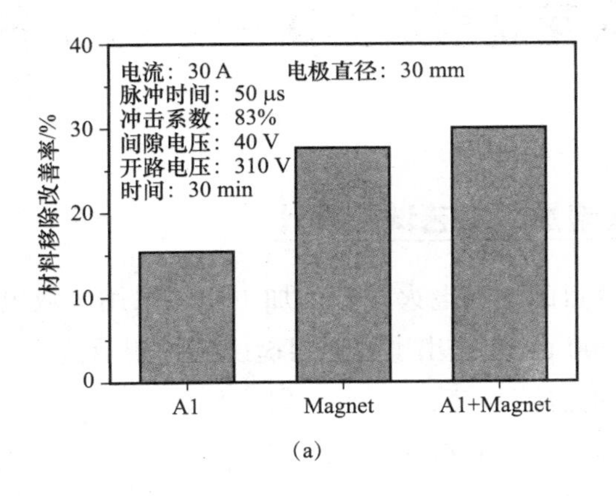

(a)

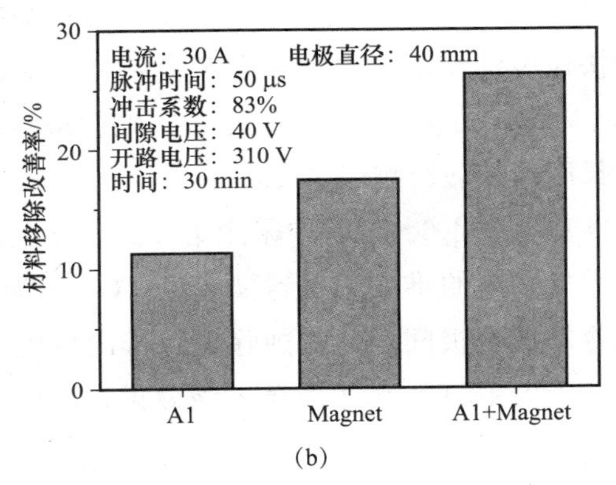

(b)

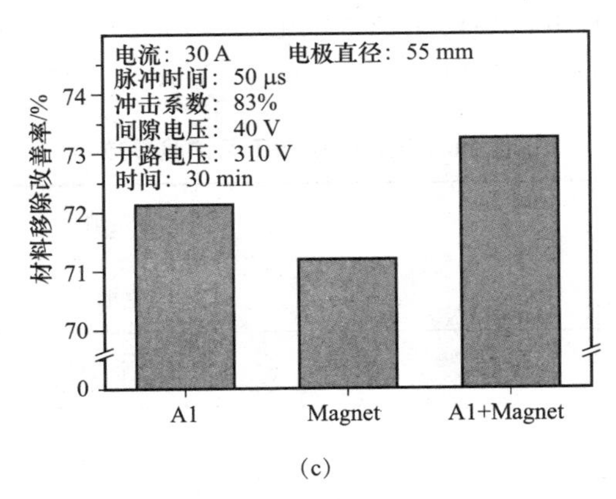

(c)

图 4-44 材料移除改善率之综合比较

(a)电极直径 30 mm；(b)电极直径 40 mm；(c)电极直径 55 mm

4.2 电火花铣削加工钛合金 TC4 的工艺试验研究

4.2.1 电火花铣削加工工艺试验设计

为了达到高效加工的目的，在电火花铣削加工中，采用的放电电流较高，所加工表面凹坑深度大部分都超过 200 μm，超出了普通粗糙度仪的测量范围，因此，本书参考刘永红等对放电凹坑进行测绘的方法[6]，采用千分表对表面粗糙度进行了检测，为了给后续加工余量的设定提供可靠的参考，表面粗糙度的计算方法采用表示表面最高峰与最低谷之间距离的 R_{max}。表面热影响层厚度的检测，采用了检测被加工表面横截面硬度变化的方法，经检测，由于加工中冲液的快速冷却作用，表面热影响层会明显地比基体硬度高，检测中从距离表面 5 μm 处开始每向基体方向移动 5 μm 进行一次硬度检测，选取第一个硬度与基体相同的点距离加工表面的长度作为热影响层厚度。

电火花铣削工艺试验参数见表 4-6。试验中采用熔点高、导电性较好的石墨作为电极材料，在航空、航天工业中大量采用的难加工材料钛合金 TC4 作为加工材料，浓度为 5% 的乳化液作为工作介质用来冷却放电极间，并将蚀除颗粒排出放电间隙。加工中，钛合金工件接脉冲电源正极，空载电压为 40 V，为了改善冲液效果，电极采用了能够有效改善冲液效果的全新结构，电火花加工时中心入水孔冲液的同时，整个放电外壁被环绕在电极壁外侧的小孔冲液所包围，这种电极结构实现了放电间隙内无死角的冲液效果，能够有效提高放电极间的冷却和蚀除颗粒排出效果。

表 4-6 电火花铣削工艺试验参数

序号	加工参数	设定值
1	电极参数	紫铜
2	工件材料	钛合金 TC4
3	工作介质	乳化液
4	空载电压	40 V
5	工件极性	正极
6	电极直径	外径 20 mm、内径 6 mm，外侧有 20 个 ϕ2 mm 的孔

电火花铣削加工中主要的加工参数为脉宽(T_{on})、脉间(T_{off})、峰值电流(I)、冲液压力(P)、单层切削厚度(D)和电极转速(S)等；评价加工效果的主要参数为材料去除率、被加工表面粗糙度(R_{max})和热影响层厚度(TH)等。为了全面研究各加工因素对加工效果的影响作用，本试验设计了六因素五水平的正交试验 $L_{25}(5^6)$，因素各水平取值见表 4-7，为了后续分析的方便，脉宽、脉间、峰值电流、冲液压力、单层切削厚度和电极转速分别用 F_1、F_2、F_3、F_4、F_5 和 F_6 表示。

表 4-7　试验所选择加工参数及所取水平值

水平	F_1-T_{on} /μs	F_2-T_{off} /μs	F_3-I /A	F_4-P /MPa	F_5-D /mm	F_6-S /(r·min^{-1})
1	400	50	200	0.3	1	200
2	800	100	400	0.6	2	400
3	1 200	150	600	0.9	3	600
4	1 600	200	800	1.2	4	800
5	2 000	250	1 000	1.5	5	1 000

4.2.2　电火花铣削加工工艺试验结果

电火花铣削加工工艺试验结果见表 4-8。根据试验数据，采用基于方差分析的方法，对各加工参数在电火花铣削加工中的作用进行了分析，并根据目标函数对各加工参数进行了优化。

根据第 1 次试验中各因素的水平分布和试验结果可以列出

$$F(X_1)=F_0+F_1^1+F_2^3+F_3^2+F_4^4+F_5^3+F_6^2 \tag{4-1}$$

以此类推可以列出剩余 24 次试验的方程

$$F(X_2)=F_0+F_1^5+F_2^3+F_3^5+F_4^1+F_5^5+F_6^4 \tag{4-2}$$

$$F(X_3)=F_0+F_1^1+F_2^1+F_3^1+F_4^1+F_5^1+F_6^1 \tag{4-3}$$

……

$$F(X_{25})=F_0+F_1^2+F_2^4+F_3^2+F_4^1+F_5^2+F_6^3 \tag{4-4}$$

式中　$F(X_i)$——试验号为 i 的试验中各加工参数(自变量)对应水平的组合所能得到的目标函数值(本试验中为材料去除率、表面粗糙度和热影响层等)；

F_0——目标函数的初值；

F_i^j——第 i 因素取第 j 水平对目标函数影响的值。

研究了各加工参数对材料去除率、表面粗糙度和热影响层的影响，并对加工参数进行了优选。

表 4-8 电火花铣削加工钛合金试验结果

试验号	T_{on} /μs	T_{off} /μs	I /A	P /MPa	D /mm	S /(r·min^{-1})	MRR /(mm^3·min^{-1})	R_{max} /μm	TH /μm
1	400	150	400	1.2	3	400	3 925.53	243	40
2	2 000	150	1 000	0.3	5	800	3 761.47	884	135
3	400	50	200	0.3	1	200	2 256.88	158	20
4	800	250	1 000	1.5	3	200	18 000.00	507	90
5	400	200	1 000	0.9	4	1 000	4 066.12	637	75
6	1 600	150	600	0.9	2	200	9 283.02	435	75
7	2 000	200	600	1.5	1	400	20 500.00	351	50
8	1 600	50	400	0.6	5	1 000	6 089.11	338	45
9	800	150	800	0.9	1	1 000	6 473.68	476	80
10	1 200	250	400	1.5	1	800	6 150.00	289	65
11	1 200	150	200	0.6	4	600	2 748.60	179	40
12	400	250	600	0.3	5	600	1 808.82	402	55
13	1 600	250	800	1.2	4	400	1 504.59	554	95
14	2 000	250	200	0.6	2	1 000	8 785.71	189	40
15	2 000	100	400	0.6	4	200	2 562.50	422	35
16	1 600	100	1 000	1.2	1	600	22 363.64	474	105
17	800	100	200	0.9	5	400	1 248.73	169	35
18	2 000	50	800	0.9	3	600	14 192.31	581	100
19	1 200	200	800	1.2	5	200	2 956.73	565	80
20	400	100	800	1.5	2	800	18 222.22	389	75
21	1 600	200	200	0.6	3	800	1 392.45	204	45

续表

试验号	T_{on} /μs	T_{off} /μs	I /A	P /MPa	D /mm	S /(r·min⁻¹)	MRR /(mm³·min⁻¹)	R_{max} /μm	TH /μm
22	1 200	100	600	0.3	3	1 000	2 320.75	350	70
23	1 200	50	1 000	0.6	2	400	17 571.43	672	110
24	800	50	600	1.2	4	800	6 348.39	400	65
25	800	200	400	1.2	2	600	3 843.75	312	55

4.2.3 加工参数对材料去除率影响的研究

通过分析各加工参数对材料去除率的影响作用，研究各加工参数对材料去除率影响作用的显著性，对各加工参数水平值进行优化，从而在现有试验加工参数的基础上，找到能够使加工效率最大化的最优参数组合。

1. 加工参数对材料去除率影响的极差分析

各加工参数取不同的水平时，材料去除率的平均值及其极差分析结果见表4-9，表中B_i(i=1，2，…，5)表示当加工参数取第i水平时材料去除率的平均值。

表4-9　加工参数在每个水平的材料去除率平均值及其极差

参数	B_1 /(mm³·min⁻¹)	B_2 /(mm³·min⁻¹)	B_3 /(mm³·min⁻¹)	B_4 /(mm³·min⁻¹)	B_5 /(mm³·min⁻¹)	极差 /(mm³·min⁻¹)
T_{on}	6 056.91	7 182.91	6 349.5	8 126.56	9 960.4	3 903.49
T_{off}	9 291.62	9 343.57	5 238.46	6 551.81	7 249.82	4 105.11
I	3 286.47	4 514.18	8 052.2	8 669.9	13 152.53	9 866.06
P	2 737.49	5 961.78	6 988.04	8 876	13 112.99	10 375.5
D	11 548.84	11 541.23	7 966.21	3 446.04	3 172.97	8 375.87
S	7 011.83	8 950.06	8 991.42	7 174.91	5 547.07	3 444.4

各加工参数对材料去除率的影响如图 4-45 和图 4-46 所示。在电火花铣削加工中，放电电流、冲液压力和单层切削厚度对材料去除率的影响较大，而脉宽、脉间和电极转速的影响较小。放电电流决定着脉冲电源能够为放电蚀除过程提供的能量大小，因此，脉冲电源为放电提供的电流越高，放电能量能够熔化的工件材料越多，越有利于材料去除率的提高。冲液压力和单层切削厚度共同决定着极间工作液流场的流速和流量，进而决定着工作液流场对放电区域的冷却、消电离作用和蚀除颗粒的排出效果，冲液压力越大，单层切削厚度越小，越有利于工作液高速流经放电区域，极间冷却、消电离效果越好，越有利于将蚀除颗粒高效排出放电间隙，提高电火花铣削加工的材料去除率。

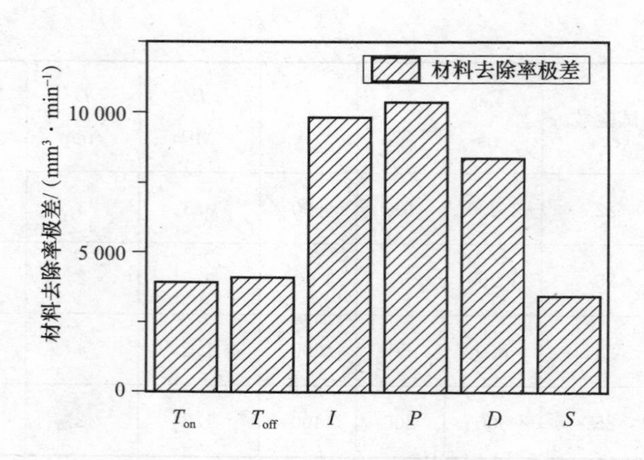

图 4-45　加工参数对材料去除率影响的极差分析

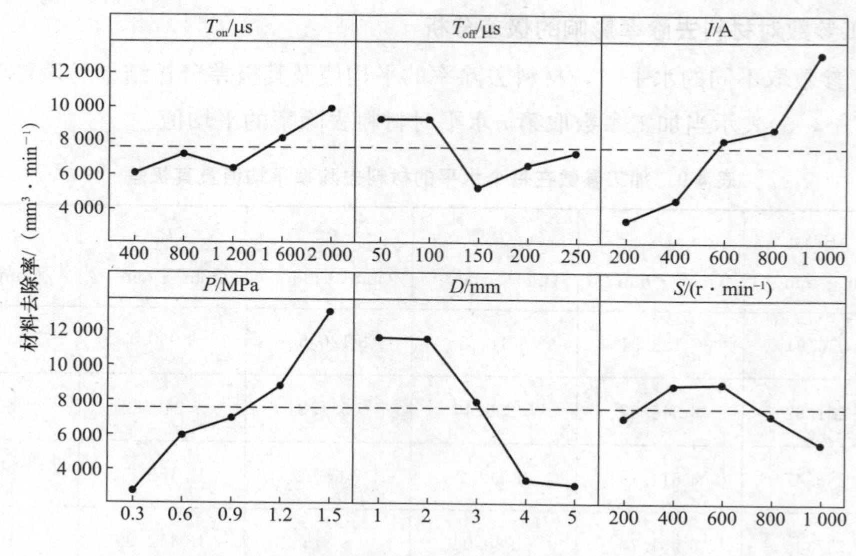

图 4-46　加工参数不同水平对材料去除率影响的研究

2. 加工参数对材料去除率影响的显著性分析

极差分析的结果表明，与其他加工参数相比，电极转速对材料去除率的影响作用最小，为不明显因素，因此，将电极转速列归为误差列。通过计算 F 值分布来计算各加工参数对材料去除率影响的显著性，其结果见表 4-10。$F_3(4,4)$、$F_4(4,4)$、$F_5(4,4)$的显著性均高于 $F_{0.05}(4,4)$，因此，放电电流、冲液压力和单层切削厚度对材料去除率具有显著的影响，各加工参数对材料去除率影响的作用由大到小为：$F_5(4,4)$、$F_3(4,4)$、$F_4(4,4)$、

$F_2(4, 4)$、$F_1(4, 4)$。

表 4-10　加工参数对材料去除率影响显著性的研究

方差来源	离差平方和	自由度	平均离差平方和	F 值	临界值	显著性
T_{on}	9 946 635.73	4	2 486 658.93	1.17	$F_{0.05}(4, 4)$	
T_{off}	12 678 725.64	4	3 169 681.41	1.5	=6.39	
I	60 287 497.98	4	15 071 874.50	7.11		*
P	58 702 541.71	4	14 675 635.43	6.92	$F_{0.01}(4, 4)$	*
D	68 093 632.21	4	17 023 408.05	9.03	=15.98	*
误差	8 478 791.549	4	2 119 697.89			

3. 加工参数优选

结合图 4-46 所示各加工参数不同水平对材料去除率的影响作用，经计算各加工参数使得材料去除率最高的水平组合见表 4-11。

表 4-11　材料去除率最高时各加工参数的水平组合

T_{on}/μs	T_{off}/μs	I/A	P/MPa	D/mm	S/(r·min^{-1})
2 000	100	1 000	1.5	1	600

根据各加工参数在材料去除率最高时所组成的水平组合，材料去除率目标函数的展开式为

$$F(x_1^5, x_2^2, x_3^5, x_4^5, x_5^1, x_6^3)=F_0+F_1^5+F_2^2+F_3^5+F_4^5+F_5^1+F_6^3 \tag{4-5}$$

在进行的 25 组试验中，第 16 次试验的加工参数水平组合与最优组合相近，现用第 16 次试验的数据来计算最优值：

$$\begin{aligned}F(x_1^5, x_2^2, x_3^5, x_4^5, x_5^1, x_6^3)-F(X_{16})&=(F_0+F_1^5+F_2^2+F_3^5+F_4^5+F_5^1+F_6^3)-\\&\quad(F_0+F_1^4+F_2^2+F_3^5+F_4^4+F_5^1+F_6^3)\\&=[(\overrightarrow{F}_1^5-A_1)-(\overrightarrow{F}_1^4-A_1)]+[(\overrightarrow{F}_4^5-A_4)-(\overrightarrow{F}_4^4-A_4)]\\&=6\ 070.83(\text{mm}^3/\text{min})\end{aligned} \tag{4-6}$$

因此，采用最优的加工参数水平组合，其材料去除率预计为

$$F(x_1^5, x_2^2, x_3^5, x_4^5, x_5^1, x_6^3)=F(X_{16})+6\ 070.83=28\ 434.47(\text{mm}^3/\text{min}) \tag{4-7}$$

由以上的计算分析，可以得出各加工参数水平组合的优选，当脉宽为 2 000 μs、脉间为 100 μs、放电电流为 1 000 A、冲液压力为 1.5 MPa、单层切削厚度为 1 mm、电极转速为 600 r/min 时，电火花铣削加工的最大材料去除率预计可以达到 28 434.47 mm^3/min，经试验验证，此加工参数条件下，电火花铣削加工实际材料去除率为 25 894.74 mm^3/min，

见表 4-12。

表 4-12 最优加工参数下的加工结果

参数	T_{on} /μs	T_{off} /μs	I /A	P /MPa	D /mm	S /(r·min^{-1})	MRR /(mm^3·min^{-1})	TWR /%	R_{max} /μm	TH /μm
设定值	2 000	100	1 000	1.5	1	600	25 894.74	2.51	527	85

4.2.4 加工参数对表面粗糙度影响的研究

采用与材料去除率相同的分析方法，通过分析各加工参数对表面粗糙度的影响作用，研究了各加工参数对表面粗糙度影响作用的显著性，对各加工参数水平值进行优化，从而在现有试验加工参数取值的基础上，找到了能够使表面粗糙度最小化的最优参数组合。

1. 加工参数对表面粗糙度影响的极差分析

各加工参数取不同的水平时，表面粗糙度的平均值及其极差分析结果见表 4-13，表中 C_i(i=1，2，…，5)表示当加工参数取第 i 水平时表面粗糙度的平均值。

表 4-13 加工参数在每个水平的表面粗糙度平均值及其极差

参数	C_1/μm	C_2/μm	C_3/μm	C_4/μm	C_5/μm	极差/μm
T_{on}	378.4	386.8	398.8	405.0	483.4	105.0
T_{off}	427.8	383.4	431.2	401.8	408.2	47.8
I	189.6	308.8	373.6	517.6	662.8	473.2
P	445.6	425.2	414.2	388.2	379.2	66.4
D	371.6	376.0	395.0	436.2	473.6	102.0
S	427.4	393.8	395.4	439.8	396.0	44.4

各加工参数对表面粗糙度的影响如图 4-47 和图 4-48 所示。在电火花铣削加工中，放电电流对表面粗糙度产生了最显著的影响。在电火花加工中，放电电流为加工提供材料熔化、汽化所需要的能量，随着放电电流的升高，放电在极间所形成的等离子体柱的直径会变大，其所包含的能量也会增加，从而使得单次放电过程中通过熔化、汽化蚀除的工件材料体积增加，导致单次放电所形成的表面凹坑变深，因此，在其他加工条件一定时，放电电流越高所加工的工件表面质量越差。脉宽和单层切削厚度对表面粗糙度的影响程度相近，脉宽主要影响单次放电的时间长度，从而影响放电通道能量向基体传递的时间，因此，脉宽越长，放电所形成的凹坑越深，表面粗糙度越差。单层切削厚度主要

影响极间工作液流场的分布，切削厚度越小，越有利于工作液快速流经放电区域，将熔融颗粒排出放电间隙，减少重新吸附在工件表面的熔融材料，从而有利于加工效率的提高，以及表面质量的改善。

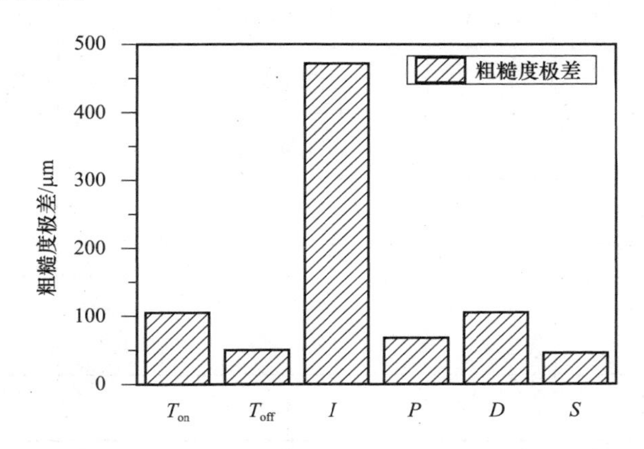

图 4-47　加工参数对表面粗糙度影响的极差分析

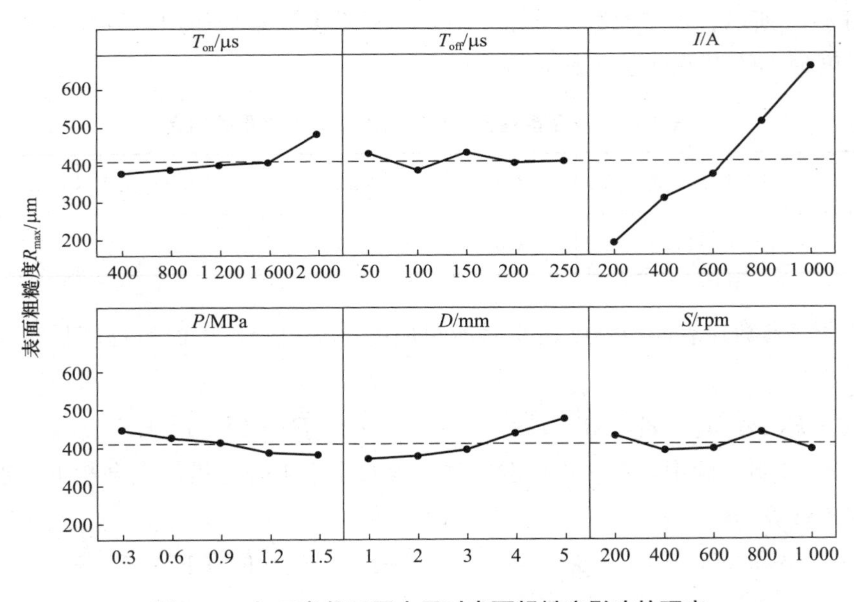

图 4-48　加工参数不同水平对表面粗糙度影响的研究

2. 加工参数对表面粗糙度影响的显著性分析

极差分析的结果表明，与其他加工参数相比，脉间和电极转速对表面粗糙度的影响作用最小，为不明显因素，由于脉间的离差平方和更小，因此，将其归类为误差列。通过计算 F 值分布来计算各加工参数对电极损耗影响的显著性，其结果见表 4-14。结果表明，放电电流对表面粗糙度的影响最为显著，脉宽和单层切削厚度次之，因此，在放电过程中分配到工件表面的能量大小、持续时间，以及工作液流场在极间的分布情况是影响表面粗糙度的主要因素。

表 4-14　加工参数对表面粗糙度影响显著性的研究

方差来源	离差平方和	自由度	平均离差平方和	F 值	临界值	显著性
T_{on}	7 073.65	4	1 768.41	4.58	$F_{0.05}(4,4)$	
I	135 627.01	4	33 906.75	87.89	=6.39	* *
P	2 938.77	4	734.69	1.90		
D	7 585.81	4	1 896.45	4.92	$F_{0.01}(4,4)$	
S	1 861.25	4	465.31	1.21	=15.98	
误差	1 543.17	4	385.79			

3. 加工参数优选

结合图 4-48 所示各加工参数不同水平对表面粗糙度的影响作用，经计算各加工参数使得表面粗糙度最小的水平组合见表 4-15。

表 4-15　表面粗糙度最小时各加工参数水平的组合

T_{on}/μs	T_{off}/μs	I/A	P/MPa	D/mm	S/(r·min^{-1})
400	100	200	1.5	1	400

根据各加工参数在表面粗糙度最小时所组成的水平组合，表面粗糙度目标函数的展开式为

$$F(x_1^1,\ x_2^2,\ x_3^1,\ x_4^5,\ x_5^1,\ x_6^2)=F_0+F_1^1+F_2^2+F_3^1+F_4^5+F_5^1+F_6^2 \tag{4-8}$$

在进行的 25 组试验中，第 3 次试验的加工参数水平组合与最优组合相近，现用第 3 次试验的数据来计算最优值：

$$\begin{aligned}F(x_1^1,\ x_2^2,\ x_3^1,\ x_4^5,\ x_5^1,\ x_6^2)-F(X_3)&=(F_0+F_1^1+F_2^2+F_3^1+F_4^5+F_5^1+F_6^2)-\\&\quad(F_0+F_1^1+F_2^1+F_3^1+F_4^1+F_5^1+F_6^1)\\&=(\overrightarrow{F_2^2}-\overrightarrow{F_2^1})+(\overrightarrow{F_4^5}-\overrightarrow{F_4^1})+(\overrightarrow{F_6^2}-\overrightarrow{F_6^1})=-144.4(\mu m)\end{aligned} \tag{4-9}$$

因此，采用最优的加工参数水平组合，其表面粗糙度预计为

$$F(x_1^1,\ x_2^2,\ x_3^1,\ x_4^5,\ x_5^1,\ x_6^2)=F(X_3)-144.4=43.6(\mu m) \tag{4-10}$$

由以上的计算分析，可以得出各加工参数水平组合的优选，当脉宽为 400 μs、脉间为 100 μs、放电电流为 200 A、冲液压力为 1.5 MPa、单层切削厚度为 1 mm、电极转速为400 r/min 时，电火花铣削加工的最小表面粗糙度预计可以达到 43.6 μm，经加工试验验证，此加工参数条件下所加工表面的实际粗糙度为 142 μm，见表 4-16。

表 4-16　最优加工参数下的加工结果

参数	T_{on} /μs	T_{off} /μs	I /A	P /MPa	D /mm	S /(r·min^{-1})	MRR /(mm^3·min^{-1})	TWR /%	R_{max} /μm	TH /μm
设定值	400	100	200	200	1.5	400	4 472.73	2.37	142	35

4.2.5　加工参数对热影响层厚度影响的研究

采用与材料去除率相同的分析方法，通过分析各加工参数对表面热影响层厚度的影响作用，研究各加工参数对热影响层厚度影响作用的显著性，对各加工参数水平值进行优化，从而在现有试验加工参数取值的基础上，找到能够使热影响层最小化的最优参数组合。

1. 加工参数所取水平对热影响层厚度影响的极差分析

各加工参数取不同的水平时，热影响层的平均值及其极差分析结果见表 4-17，表中 D_i ($i=1, 2, \cdots, 5$)表示当加工参数取第 i 水平时热影响层厚度的平均值。

表 4-17　加工参数在每个水平的热影响层平均值及其极差

参数	D_1/μm	D_2/μm	D_3/μm	D_4/μm	D_5/μm	极差/μm
T_{on}	74	71	72	71	81	10
T_{off}	77	73	71	72	76	6
I	43	59	70	88	109	66
P	80	76	76	70	67	13
D	64	65	80	79	81	17
S	76	70	77	72	74	7

各加工参数对热影响层的影响如图 4-49 和图 4-50 所示。在电火花铣削加工中，放电电流和单层切削厚度对热影响层的影响最为明显。放电电流决定着放电过程中放电通道能够向工件基体传导的能量大小，放电电流越高，向基体传递的热量越多，热量向基体传递的深度越大，热影响层厚度越大。单层切削厚度影响放电间隙内的流场分布，决定着极间放电区域的冷却效果，单层切削厚度越小，放电区域流场流速越高，越有利于工件表面的冷却，降低热量向基体的传递。脉宽决定着能量向基体传递的持续时间，传递时间越长，放电热量越能够向基体内部传递，工件的热影响层越厚。因此，在电火花铣削加工中，通过降低放电电流，缩短放电时间，减小单层切削厚度，可以有效降低热影响层的厚度。

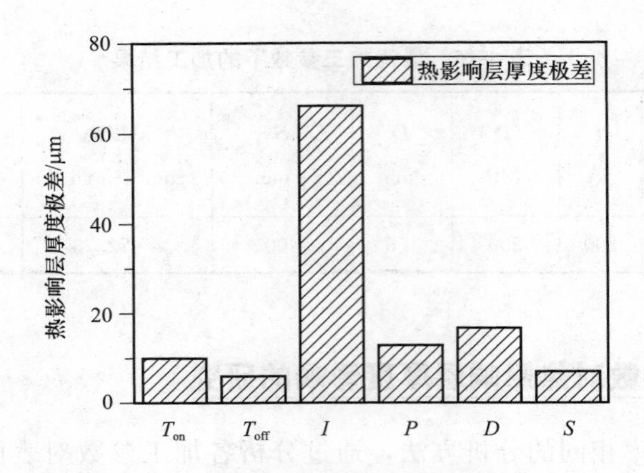

图 4-49　加工参数对热影响层影响的极差分析

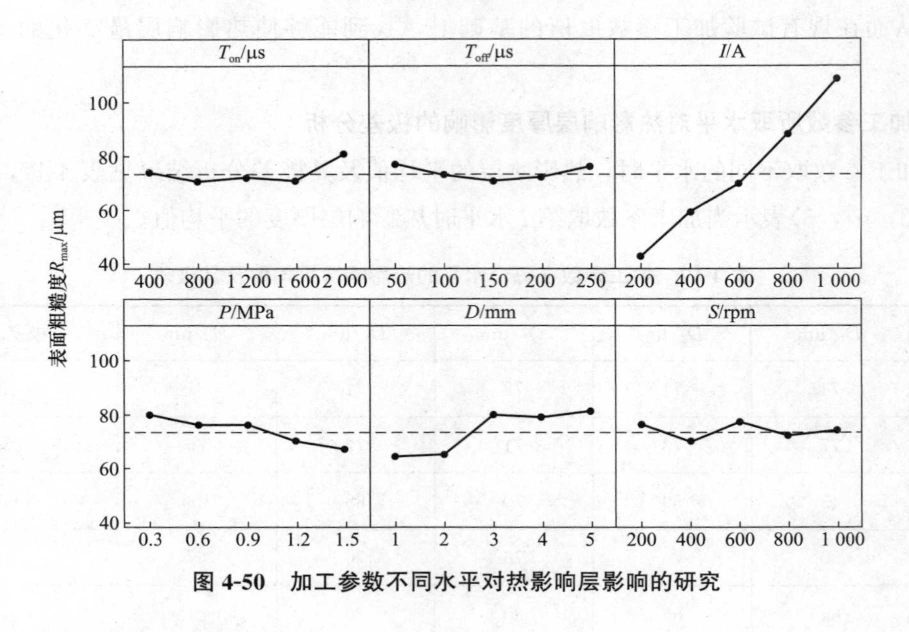

图 4-50　加工参数不同水平对热影响层影响的研究

2. 加工参数对热影响层影响的显著性分析

极差分析的结果表明，与其他加工参数相比，脉间对热影响层厚度的影响作用最小，为不明显因素，因此，将其归类为误差列。通过计算 F 值分布来计算各加工参数对热影响层厚度影响的显著性，其结果见表 4-18。结果表明，放电电流对热影响层厚度的影响最为显著，单层切削厚度次之，这说明放电过程中分配到工件表面的能量大小和冷却效果是影响热影响层厚度的主要因素。

表 4-18　加工参数对热影响层影响显著性的研究

方差来源	离差平方和	自由度	平均离差平方和	F 值	临界值	显著性
T_{on}	70.8	4	17.7	2.64	$F_{0.05}(4, 4)$	
I	2 622.8	4	655.7	97.87	=6.39	* *

续表

方差来源	离差平方和	自由度	平均离差平方和	*F* 值	临界值	显著性
P	108.8	4	27.2	4.06		
D	290.8	4	72.7	10.85	$F_{0.01}(4, 4)$	*
S	32.8	4	8.2	1.22	=15.98	
误差	26.8	4	6.7			

3. 加工参数优选

结合图 4-48 所示各加工参数不同水平对表面粗糙度的影响作用，经计算各加工参数使得热影响层厚度最小的水平组合见表 4-19。

表 4-19　热影响层最低时各加工参数水平的组合

T_{on}/μs	T_{off}/μs	*I*/A	*P*/MPa	*D*/mm	*S*/(r·min⁻¹)
800	150	200	1.5	1	800

根据各加工参数在热影响层厚度最低时所组成的水平组合，热影响层厚度目标函数的展开式为

$$F(x_1^2, x_2^3, x_3^1, x_4^5, x_5^1, x_6^4)=F_0+F_1^2+F_2^3+F_3^1+F_4^5+F_5^1+F_6^4 \tag{4-11}$$

在进行的 25 组试验中，第 3 次试验的加工参数水平组合与最优组合相近，现用第 3 次试验的数据来计算最优值：

$$\begin{aligned}F(x_1^2, x_2^3, x_3^1, x_4^5, x_5^1, x_6^4)-F(X_3)&=(F_0+F_1^2+F_2^3+F_3^1+F_4^5+F_5^1+F_6^4)-(F_0+\\&\quad F_1^1+F_2^1+F_3^1+F_4^1+F_5^1+F_6^1)\\&=(\overrightarrow{F_2^2}-\overrightarrow{F_1^1})+(\overrightarrow{F_2^3}-\overrightarrow{F_2^1})+(\overrightarrow{F_4^5}-\overrightarrow{F_4^1})+(\overrightarrow{F_6^4}-\overrightarrow{F_6^1})\\&=-26\end{aligned} \tag{4-12}$$

因此，采用最优的加工参数水平组合，其热影响层厚度预计为

$$F(x_1^1, x_2^4, x_3^1, x_4^5, x_5^1, x_6^5)=F(X_3)-26=19 \tag{4-13}$$

按照上述分析计算可以得出各加工参数水平组合的优选，当脉宽为 800 μs、脉间为 150 μs、放电电流为 200 A、冲液压力为 1.5 MPa、单层切削厚度为 1 mm、电极转速为 800 r/min时，电火花铣削加工的最小热影响层预计可以达到 19 μm，经试验验证(表 4-20)，此加工参数条件下的实际热影响层为 35 μm。

表 4-20　最优加工参数下的加工结果

参数	T_{on} /μs	T_{off} /μs	*I* /A	*P* /MPa	*D* /mm	*S* /(r·min⁻¹)	*MRR* /(mm³·min⁻¹)	*TWR* /%	R_{max} /μm	*TH* /μm
设定值	800	150	200	1.5	1	800	4 241.38	2.09	148	35

4.3 电火花铣削加工表面质量研究

4.3.1 高效加工时蚀除效果分析

相比普通电火花加工设备，本书所采用的电火花铣削加工，具有长脉宽、大电流的特点，单次放电能量较高，能够熔化的工件材料量较大，由于加工中配有高压冲液，因此，高温熔融状态的蚀除颗粒被冲出放电间隙时产生强烈的火花，极间及其周围布满火花。火花是由放电通道和熔融状态的材料共同产生，熔融状态的高温颗粒在被冲出放电间隙时，仍然处于高温状态，因此，能够观察到高温颗粒被排出放电间隙时所形成的运动轨迹。

由于单次脉冲放电的能量很高，放电点周围会有大量的材料被熔化甚至汽化，然后被高压工作液冲出放电间隙，使得加工表面布满大小各异的小凹坑。电火花铣削所加工型腔及其表面如图 4-51 所示。从图 4-51 可以看出，所加工表面非常粗糙，放电所产出的凹坑肉眼可见，因此，在目前条件下，这种加工方法仅适用于难加工材料的高效粗加工。

图 4-51　电火花铣削所加工型腔及其表面

在电火花铣削加工中，工件表面受剧烈温度变化的影响作用。在放电过程中会发生一系列复杂的物理化学变化，这些变化会使得工件表面强度、硬度及化学元素组成发生变化。考虑电火花加工对表面质量产生的影响，为了研究被加工表面的后续加工性能，对被加工表面的热影响层的硬度、组织和化学元素含量变化进行研究。

4.3.2 纵向热影响层硬度和组织变化分析

钛合金工件被加工表面的截面 SEM 图，如图 4-52 所示。由图 4-52 可以看出，工件表面存在约为 50 μm 的明显变暗层。截面的硬度分布如图 4-53 所示，基体的硬度为 384 HV，受热影响区域的硬度为 498 HV，比基体升高了约 29.7%，这表明，电火花加工后的钛合金表面组织发生了变化。这主要是由极间高压冲液的快速冷却作用造成的，放电结束时，极间熔融状态的材料在极短时间内被快速冷却凝固，使其组织发生变化。

图 4-52 被加工钛合金截面 SEM 图

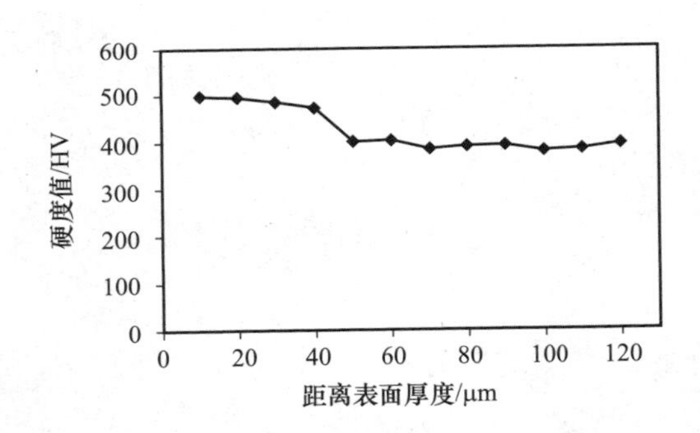

图 4-53 被加工钛合金截面硬度变化

钛合金基体和热影响层的组织如图 4-54 所示。通过将检测表面放大 5 000 倍，发现热影响层中钛合金材料的组织与基体相比存在明显区别。这主要是因为钛是一种同素异构体，具有密排六方晶格结构的 α 相和体心立方晶格结构的 β 相，当钛温度高于 882.5 ℃时，α 相会向 β 相转变。在电火花加工中，当钛合金温度被加热到高于转换温度时，部分 α 相逐渐向 β 相转变，当放电结束钛合金被快速冷却时，部分转变的相会保持在 β 相，从而使得钛合金的晶体组织发生了变化。

4.3.3 加工表面形貌和材料组成变化分析

钛合金中 β 相的增加使得钛合金表层部分较基体变硬，因此会影响到后续的机械加工，

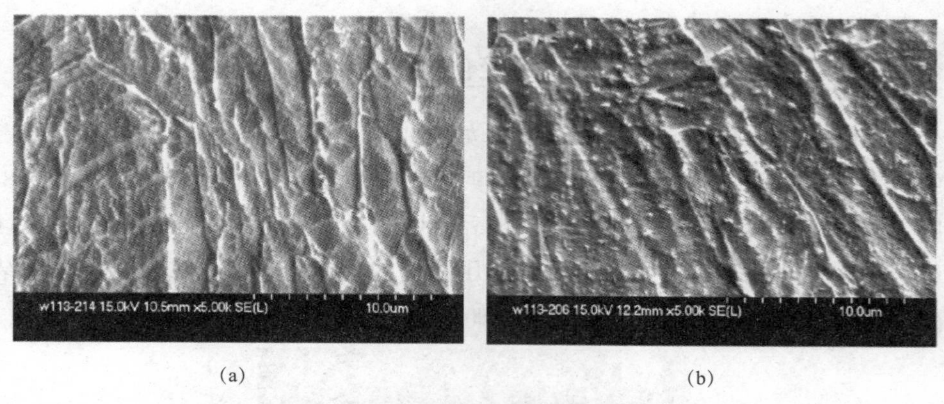

(a)　　　　　　　　　　　　(b)

图 4-54　钛合金基体和热影响层组织的变化

(a)钛合金基体；(b)钛合金受热影响层

被加工表面的微观形貌如图 4-55 所示，可以看出，被加工表面布满裂纹，这是由于部分未被高压冲液冲离工件基体的熔融材料，在放电结束后被冷却重新凝固在工件表面形成的。熔融材料在冷却凝固过程中会产生表面收缩作用，从而在工件表面产生拉伸应力，当表面的拉伸应力大于基体的内应力时，即会在表面产生裂纹，释放凝固过程在表面产生的拉应力，表面裂纹的出现表明表面拉应力已经被释放，有利于后续机械加工的进行。

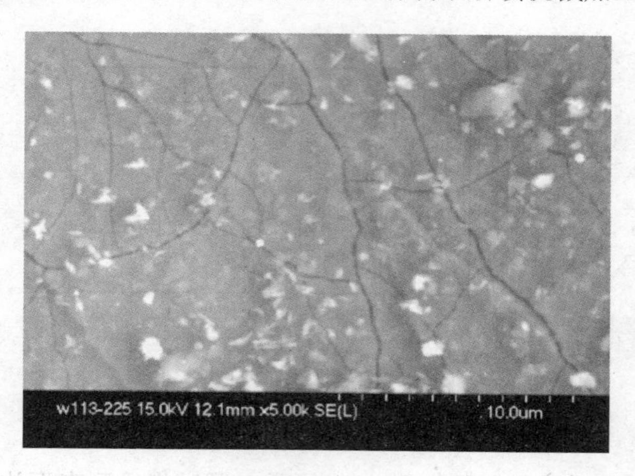

图 4-55　被加工表面放大 5 000 倍的 SEM 结果

通过 EDS 检测了工件钛合金 TC4 被电火花铣削加工前后表面化学元素及其含量的变化情况，结果见表 4-21。与基体相比，在被加工表面，钒元素的含量从 4.62%降为 1.57%，与此同时，钛元素的含量从 90.14%降到了 63.91%。

相比基体中不含碳和氧元素，在被加工表面还检测到了一定量的碳和氧元素，含量分别为 5.92%和 23.59%。这表明，在放电过程中工件表面发生了一系列的化学反应，在放电过程极间的高温高压环境中，部分包围在放电通道周围的水被分解为氢气和氧气，熔融状态钛合金中的钛、铝和钒元素与氧气接触发生了氧化反应，使得含量减小，部分负极石墨电极在加工中被高温汽化后会吸附在正极钛合金工件表面，使得工件被加工表面含有少量的碳元素。

表 4-21 钛合金 TC4 基体和被加工表面化学元素组成及其含量

机体/被加工表面	Al	Ti	V	C	O
基体/Wt%	5.24	90.14	4.62	—	—
被加工表面/Wt%	5.0	63.91	1.57	5.92	23.59

被加工表面化学元素组成及其含量的变化会影响工件的机械性能，为了去除这些变化对所加工工件的影响，需要在电火花铣削加工后对被加工表面进行后续的加工处理。

4.4 电火花铣削加工效果对比分析

4.4.1 电火花铣削设备与普通成形电火花设备加工效果对比

为了分析所研发的电火花铣削设备的加工性能，以表 4-22 所示的加工条件与普通成形电火花设备的加工性能进行对比试验，由于普通成形电火花设备脉冲电源的限制，为了保证试验结果的可比性，两种加工中均采用了 100 A 的放电电流，并采用相同的脉宽、脉间和工件极性保证放电能量及其在两极之间的分配比例相同，以保证二者之间的可比性。以加工所能达到的最高材料去除率为基准，对二者的加工性能进行对比分析。

表 4-22 电火花铣削设备与普通成形电火花设备加工对比试验加工参数

参数	普通成形电火花设备	电火花铣削设备
脉宽/μs	1 000	1 000
脉间/μs	100	100
电流/A	100	100
电极材料	石墨	石墨
工件材料	钛合金 TC4	钛合金 TC4
工件极性	正极	正极
电极直径/mm	16	外径 16，内径 6

续表

参数	普通成形电火花设备	电火花铣削设备
工作液	煤油	水基乳化液
冲液方式	浸入式(工作液自然流动)	1.5 MPa 中心冲液

普通成形电火花设备与电火花铣削设备加工材料去除率、电极损耗率、表面粗糙度和能量损耗的对比分析，如图 4-56 所示。电火花铣削设备的材料去除率约为普通成形电火花设备的三倍，这表明，通过改进电极运动伺服控制策略，将电弧放电应用于材料蚀除中，有效提高了加工效率。电火花铣削设备的电极损耗率为 3.2%，约为普通成形电火花设备的 1/4，而且电火花铣削设备加工后的被加工表面粗糙度也要较普通成形电火花设备低，这主要由两种加工方法中工作液和冲液方式的不同导致。在电火花铣削设备中，高压水基乳化液有效改善了放电间隙内的冷却和蚀除颗粒排出效果，有利于降低电极损耗并改善加工表面质量。电火花铣削设备的能量损耗比普通成形电火花设备加工低，这主要是因为普通成形电火花设备只将正常火花放电状态应用于材料蚀除，而电火花铣削设备加工中引入了电弧电火花加工，电弧放电时的极间电压较火花放电的低，从而使得相同放电电流时，普通成形电火花设备的电源功率比电火花铣削设备高。

4.4.2 电火花铣削与机械铣削加工效果对比

钛合金和镍基高温合金是航空、航天制造业中大量使用的最为典型的难加工材料，这两种材料都具有导热性差的特点，使得铣削加工非常困难，而电火花铣削加工正适合于加工导电性好、导热性差的材料。由于两种材料的热学性能类似，电火花铣削加工效果相近，同时考虑钛合金材料的获取比较容易，因此试验主要围绕钛合金展开，试验结果也适用于指导镍基高温合金的电火花铣削加工。

所采用的以大电流高能量为特点的电火花铣削设备，最大放电电流为 1 000 A，其主要目的是提高电火花铣削加工难加工材料的效率，降低难加工材料的加工成本，将电火花铣削加工推广到航空、航天工业难加工材料的加工领域。为了比较电火花铣削与机械铣削加工难加工材料时的效率，分别采用钛合金 TC4 和镍基高温合金 GH4169 进行了电火花铣削高效加工试验，其结果见表 4-23。两种加工方法加工效率的对比如图 4-57 所示。

表 4-23　电火花铣削与机械铣削加工效率对比

加工方法	钛合金 TC4		镍基高温合金 GH4169	
	加工效率 /($mm^3 \cdot min^{-1}$)	刀具损耗量 /h^{-1}	加工效率 /($mm^3 \cdot min^{-1}$)	刀具损耗量 /h^{-1}
电火花铣削	25 894.74	120mm 石墨电极	27 333.3	80 mm 石墨电极
机械铣削	22 050	1.2 把硬质合金刀具	8 800	2.5 把硬质合金刀具

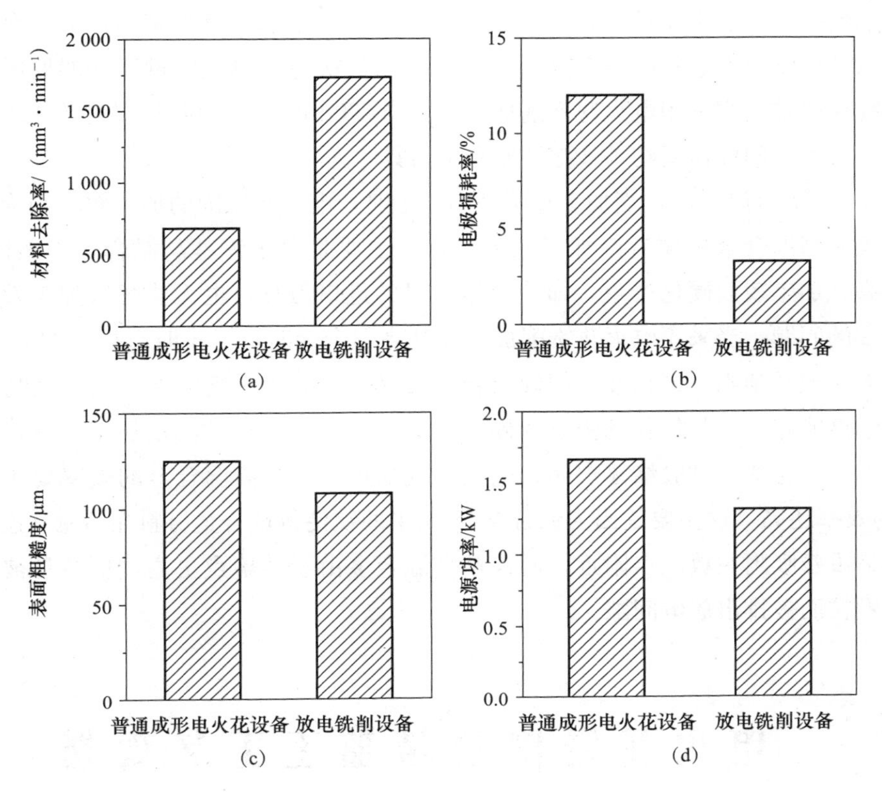

图 4-56　普通成形电火花设备与电火花铣削设备加工性能的对比

(a)材料去除率对比；(b)电极损耗率对比；(c)表面粗糙度对比；(d)电源功率对比

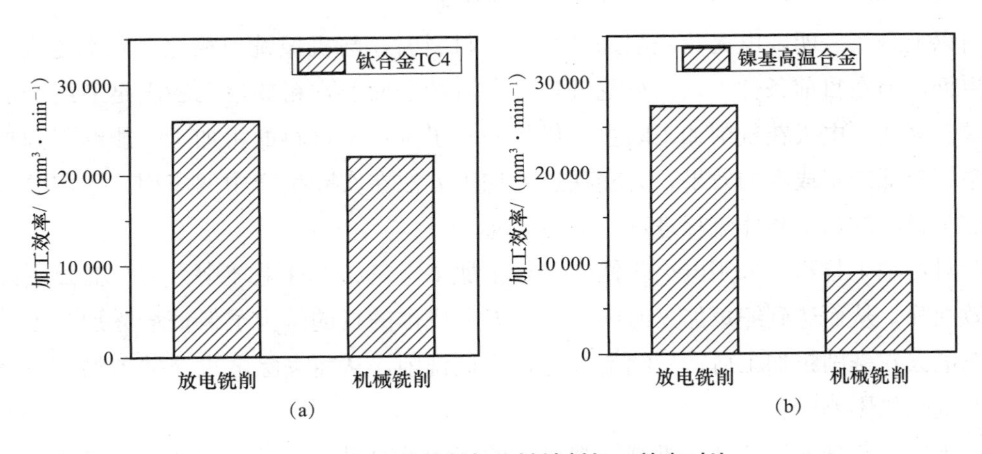

图 4-57　电火花铣削与机械铣削加工效率对比

(a)钛合金加工效率对比；(b)镍基高温合金加工效率对比

由图 4-57(a)可以看出，在钛合金 TC4 的加工中，电火花铣削的加工效率比机械铣削高出 17.5%。从两种加工方法的加工刀具成本对比可以发现，电火花铣削加工刀具成本要比机械铣削低很多。这主要是因为，虽然钛合金 TC4 的硬度不是特别高，但是在机械铣削中，由于钛的化学活性非常高很容易引起黏刀，以及钛合金弹性模量较低的原因，使得加工中刀具损耗严重，当采用电火花铣削加工钛合金 TC4 时，每小时只损耗约 120 mm 的石墨电极，而机械铣削则需要约 1.2 把硬质合金刀具。

由图 4-57(b)可以看出，当加工镍基高温合金时，电火花铣削的加工效率约为机械铣削的三倍，镍基高温合金机械铣削加工效率很低，主要是由于镍基高温合金中塑性变形大、切削温度高且加工表面硬化严重，即使采用昂贵的进口刀具，也无法解决加工效率低、刀具损耗严重的问题，当采用电火花铣削加工镍基高温合金时，每小时只损耗约 80 mm 的石墨电极，而机械铣削则需要约 2.5 把硬质合金刀具。电火花铣削的加工效率只与材料的导电性和热学性能相关，与材料的强度、硬度无关，越是导热性差的难加工材料，越适合采用电火花加工的方法。试验结果表明，电火花铣削加工镍基高温合金的效率要比加工钛合金 TC4 的效率还高，这主要是因为钛合金 TC4 中的钛使得钛合金材料在熔融状态时活性非常高，容易重新吸附在放电点附近，而镍基高温合金由于其熔点更高，更容易被快速地冷却为固体颗粒而被排出放电间隙。

4.5 电火花铣削的精加工工艺规划

4.5.1 电火花铣削与机械铣削的衔接

由以上分析表明，电火花铣削加工难加工材料时，与机械铣削相比，效率更高，刀具成本更低，但在目前条件下，电火花铣削加工后的表面非常粗糙，无法满足最终产品的使用要求。因此，电火花铣削加工的主要优势是对于难加工材料的粗加工，能够起到提高加工效率、降低加工成本的效果，为实现这种加工方法在实际生产中的应用，还需要对原有的难加工材料的加工整体流程进行一定的改进。

针对难加工材料，采用电火花铣削进行粗加工，完成工件毛坯中大部分需要去除材料的高效蚀除，从而达到缩短加工时间、节约刀具成本的目的。为了保证最终加工工件的质量，在电火花铣削粗加工后，后续衔接进行机械铣削，从而去除电火花铣削加工所产生的表面凹坑及热影响层。

由于电火花铣削设备是在机械铣削机床的基础上改进而成的，因此，为了简化电火花铣削与机械铣削的衔接，设计了可以快速在电火花铣削与机械铣削之间进行转换的两用机床，从而节省工件在不同机床之间进行交替加工所浪费的装卡时间，同时，也有利于避免多次重复装卡引起的装卡误差。加工流程如图 4-58 所示。需要进行电火花铣削粗加工时，只需要将电极通过电极挟持旋转头与机床主轴连接；当机床需要转换为机械铣削使用时，只需要关闭脉冲电源将电极挟持旋转头卸下，换上机械铣削刀具的刀柄，即可继续进行后续机械铣削加工。该种设计简化了整个粗精加工工艺流程的规划，有利于节约加工时间，并且能够保证加工精度。

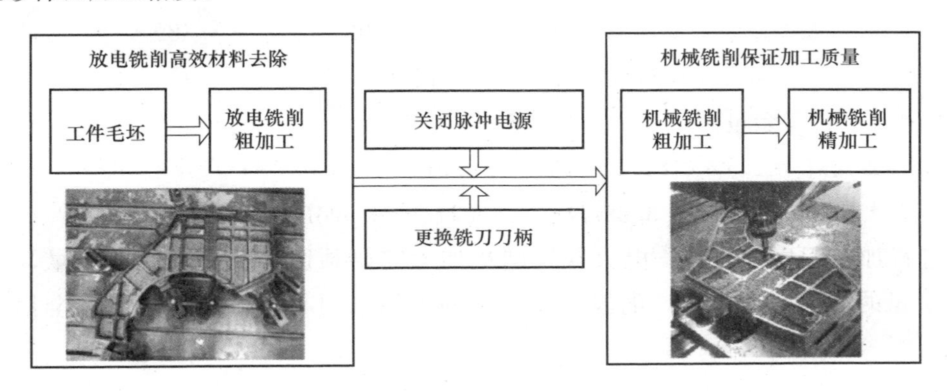

图 4-58　电火花铣削与机械铣削的划分和衔接

4.5.2　电火花铣削加工余量分析

为了保证最终的加工零件不会受到电火花铣削加工的影响，电火花铣削加工时需要设定合理的加工余量，以保证进行后续机械铣削时能够将表面凹坑及热影响层完全去除。为了保证最终工件的加工质量，对电火花铣削粗加工的加工余量进行研究，主要从电火花铣削加工的放电间隙、加工后表面凹坑的深浅，以及热影响层的厚度三个影响加工精度的方面进行分析。电火花加工是一种非接触加工方法，当电极与工件之间的电场强度达到击穿强度时极间会发生放电击穿，因此，空载电压决定着放电击穿时，电极与工件之间的极间间隙大小，放电间隙随着空载电压的升高而逐渐变大。由于本书所采用脉冲电源的空载电压是固定的，因此，放电间隙基本是稳定的。

电火花铣削机床的加工程序既可以通过手工编写，也可以由 UG 软件生成，数控加工代码与机械铣削通用，在生成加工程序时，通过增大电极直径的方法，将侧面放电间隙考虑在内。电火花铣削加工的优势主要在于加工需要大体积材料去除的难加工材料，加工中采用了较高的放电电流，使得加工后的表面布满了大量的凹坑，并存在一定厚度的热影响层。为了保证放电凹坑和热影响层不影响最终加工工件质量，需要在电火花铣削加工时，为后续机械铣削预留足够的加工余量。为提高加工余量的可靠性，加工余量的计算设定了150%的安全系数。

电火花铣削加工表面凹坑的深浅由表面粗糙度 R_{max} 表示，根据加工参数对表面粗糙度影响显著性的分析，放电电流对表面粗糙度产生了显著影响，根据试验结果，表面粗糙度的回归方程用式(4-14)表示：

$$R_{max}=150.3+0.02139I^{1.459} \tag{4-14}$$

根据加工参数对热影响层影响显著性的分析，放电电流和切削厚度对热影响层产生了显著影响，根据试验结果，热影响层的回归方程用式(4-15)表示：

$$TH=30.82+0.0144I+3.857D+3.389\times10^{-5}I^2+0.0081ID-0.696D^2 \quad (4\text{-}15)$$

电火花铣削加工中，侧面所需要的加工余量为

$$\Delta L_{edge}=1.5\times(181.12+0.0144I+0.0214I^{1.459}+3.389\times 1^{-5}I^2+3.857D+0.0081ID-0.696D^2) \quad (4\text{-}16)$$

底面所需要加工余量为

$$\Delta L_{bottom}=1.5\times(181.12+d_{bottom}+0.0144I+0.0214I^{1.459}+3.389\times 10^{-5}I^2+3.857D+0.0081ID-0.696D^2) \quad (4\text{-}17)$$

在进行加工程序编写时，电火花铣削粗加工需要预留的侧面和底面余量，通过设定加工余量的方法考虑在内，电极运动轨迹的规划采用与机械铣削加工完全相同的轨迹规划。

4.5.3 电火花铣削与后续机械铣削加工后表面质量分析

通过采用机械铣削去除电火花铣削对所加工表面的影响，对电火花铣削与机械铣削衔接的可行性进行研究。首先，采用电火花铣削的加工方法加工钛合金工件表面，然后采用机械铣削的方法将电火花铣削加工表面的凹坑去除掉，对两种加工表面进行 SEM 检测，检测结果如图 4-59 所示。电火花铣削加工后的表面存在明显的热影响层，经由后续机械铣削加工后的表面不存在热影响层，这表明，电火花铣削所产生的热影响层可以通过机械铣削的方法顺利去除，同时也验证了采用电火花铣削与机械铣削相结合的方法对钛合金等难加工材料进行高效加工的可行性。

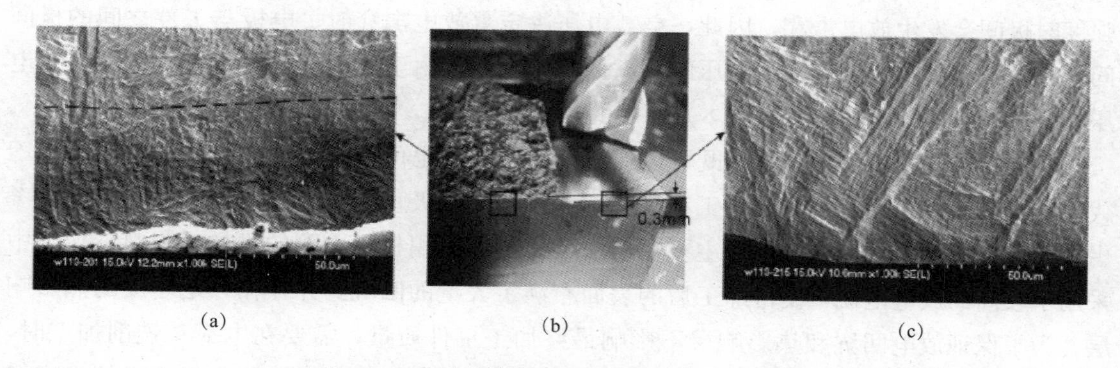

(a) (b) (c)

图 4-59 电火花铣削表面与机械铣削表面对比

(a)放电铣削加工表面；(b)机械铣削加工过程；(c)机械铣削加工表面

该加工流程的规划，充分利用了电火花铣削与机械铣削各自的优势，在难加工材料的加工中，首先采用电火花铣削进行高效粗加工，然后采用机械铣削进行精加工，既保证了最终的加工质量，又提高了加工效率、降低了加工成本，这种加工方法的应用，有利于缩短航空、航天制造业中难加工材料的加工周期，并且降低加工成本。

4.6 本章小结

本章通过以 SKD11 和钛合金 TC4 材料为加工对象开展电火花铣削加工工艺试验，分析了各加工参数对材料去除率、表面粗糙度和热影响层的影响，研究了电火花铣削对加工表面质量的影响，对比分析了电火花铣削加工的特点，并针对电火花铣削高效粗加工，规划了难加工材料的粗精加工工艺流程。放电电流、冲液压力和单层切削厚度对电火花铣削材料去除率的影响最为显著，放电能量熔化材料体积和冲液将熔化材料排出放电间隙的效果是决定加工效率的主要因素；放电电流对被加工表面粗糙度的影响最为显著，放电能量是决定加工后表面粗糙度的主要因素；放电电流和单层切削厚度对热影响层的影响最为显著，放电能量和极间冲液效果是决定热影响层的主要因素。受电火花铣削加工的影响，被加工表面存在一定厚度的热影响层，由于放电过程中材料高温熔化再凝固的作用，材料表面会由于凝固应力的释放而产生大量的裂纹，降低材料强度。由于高温的作用，被加工表面的元素组成比例发生了变化，为保证加工质量需要对被加工表面进行后续的加工处理。与普通成形电火花加工相比，电火花铣削加工效率更高、电极损耗率更低；与机械铣削加工相比，电火花铣削加工钛合金和镍基高温合金等难加工材料时，加工效率更高，刀具成本更低。由于加工后表面质量较差，只能用于粗加工，后续的精加工采用机械铣削的方式完成。通过改进现有三轴铣削机床，规划工艺流程，在同一台机床上完成了难加工材料的电火花铣削粗加工和机械铣削精加工，既保证了加工质量，又提高了加工效率，降低了加工成本。

参考文献

[1]周林，石民，潘晓斌，等．基于程序长度补偿的电火花铣削工艺[J]．制造技术与机床，2011(10)：41—43.

[2]李立青，赵万生，狄士春，等．气体介质中电火花铣削加工工艺试验研究[J]．南京理工大学学报(自然科学版)，2006(1)：12—16.

[3]索来春，郭永丰，赵万生．混粉电火花加工工艺初步试验及数据分析[J]．电加工，1998(4)：3—5.

[4]施威，张勇斌，陈飞．电极形状对电火花铣削加工底面轮廓的影响[J]．制造技术与机床，2015(3)：83—86.

[5]段雷，常云朋．基于混粉加工的电火花成形铣削[J]. 组合机床与自动化加工技术，2012(1)：96－98.
[6]Zhang Y，Liu Y，Shen Y，et al. Investigation on the influence of the dielectrics on the material removal characteristics of EDM[J]. Journal of Materials Processing Technology，2014，214(5)：1052－1061.

第5章 电火花铣削加工电极损耗补偿研究

在电火花加工中，工件材料被蚀除的同时，电极材料也会不可避免地产生一定的损耗，因此，电极损耗的补偿是加工中不可回避的问题。在以往的电火花铣削加工中，电极损耗的研究主要集中在通过数据库和神经网络等方法对电极损耗进行预测方面，对于电火花铣削加工电极损耗补偿方法的研究，目前主要应用的是等损耗方法及基于等损耗演变而来的方法[1-4]。

等损耗的补偿方法中，为了控制放电只发生在电极下端面，加工中单层加工厚度需要控制在几十微米以内。本书所研究的电火花铣削，针对的是难加工材料的高效加工，追求的是尽可能高的加工效率，单层切削厚度控制在几十微米以内显然无法满足高效加工的目的。为了提高加工效率，本书所研究的电火花铣削最大放电电流能够达到 1 000 A，采用的电极直径为 20 mm，单层切削厚度为几毫米，远远超出了以往的研究范围，加工中电极会同时产生明显的侧面损耗和轴向损耗。

针对大电流电火花铣削加工，通过研究电极材料的种类及其高温下的损耗特性，采用试验分析各加工参数对电极损耗的影响，进行电极材料的选择和加工参数的优化。根据电极放电端部损耗特点，对电极的侧面和轴向损耗分别进行电极损耗补偿的研究，针对影响加工尺寸精度的电极轴向损耗，根据不同的工件加工几何形状，设计了相应的轴向电极损耗补偿策略。

5.1 电极材料及其损耗特性

工具电极作为电火花加工的一极，其材料的选择是决定加工效果的关键因素之一，电极材料的选择对加工效果的影响主要反映在加工效率、电极损耗率和加工表面质量。目前，获得广泛应用的主流电极材料为铜和石墨，铜和石墨到底哪种电极材料更适用于电火花加工，这一争论从电火花加工被发明时就一直存在，目前也没有确切的定论。根据石墨生产商美国Poco公司的统计，从1960年至今，电火花加工中石墨电极所占的比例达80%。按地域分布统计，北美的电火花加工产业中，电火花加工刚兴起时主要采用铜作为电极材料，现在大部分的应用已经被石墨取代。在欧洲和亚洲，石墨和铜的争论还在继续，但是石墨的应用比例正在逐年上升。现在，在北美，石墨已成为主要的电极材料，约95%的电火花加工采用了石墨电极；在欧洲，电火花加工约有75%选择采用石墨电极，只有25%采用铜电极；在亚洲，石墨电极和铜电极的使用比例分别为45%和55%，石墨电极的应用比例呈现逐年上升的趋势。

铜和石墨材料的物理性能见表5-1。与石墨材料相比，铜的熔点更低，而且导热系数更大、比热容更小，因此，铜对放电能量大小和持续时间的变化更为敏感。石墨导热系数只有铜的1/3，使得通过热传导而消耗掉的放电能量较小，同时，三倍于铜的熔点有效降低了电极损耗。石墨的膨胀系数只有铜的1/4，在受热过程中变形很小，有利于保证加工的尺寸精度。在机械加工性能方面，相比具有一定黏性的铜，石墨材料加工的切削力更小，加工效率能够达到铜的三倍，而且刀具基本没有损耗，加工后的表面也不会产生毛刺。在电极成本方面，如果只考虑材料自身的成本，铜要比石墨价格更低，但是如果将电极自身的加工成本和电极损耗的成本考虑在内，采用石墨电极时，整体加工成本要比铜的更低。

表5-1　铜和石墨的物理特性

材料	密度/(kg·mm^{-3})	熔点/℃	导热系数/[W·(m·K)$^{-1}$]	比热容/[(J·(kg·℃)$^{-1}$]	电阻率/(μΩ·m)	膨胀系数/[μm·(m·K)$^{-1}$]	抗弯强度/MPa
铜	8.9	1 083	388	385	0.017 5	17.6	240
石墨	2.25	4 827(汽化)	129	710	14.7	4	647

电火花铣削加工所采用的工具电极为中空管状圆柱电极，电火花加工时中心入水孔内会流出高压工作液，起到将蚀除颗粒冲出放电间隙的作用，并冷却电极和工件。机械加工成形的电极端部具有明显的棱角，在电火花加工中容易产生尖端放电效应，在电极向工件运动的过程中，棱角部分距离工件最近，因此最容易引发极间放电，使得棱角位置最容易产生放电损耗。

在电火花铣削加工中，电极运动轨迹与机械铣削加工类似，都是采用分层铣削的方式，电极根据工件需要加工的几何形状逐层进行电火花加工，最终加工出所要求的工件轮廓，在每一层铣削加工中，如果不考虑电极损耗，电极都是在水平方向运动，因此，在运动过程中放电位置主要发生在电极下端部的侧面和底面，随着电火花加工的持续进行，电极下端部会逐渐被损耗成稳定如图 5-1 所示的半圆角形状。

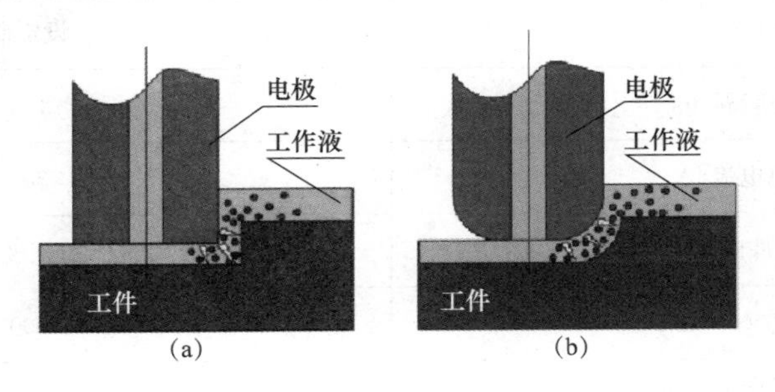

图 5-1　电极端部放电损耗状况

(a)初始加工时；(b)稳定加工时

为了研究铜和石墨作为工具电极进行电火花铣削加工的区别，采用表 5-2 所示的加工参数进行了对比试验，试验结果如图 5-2 所示。采用石墨作为电极材料时，电极损耗率随着脉宽时间的延长而逐渐降低，而当电极材料为铜时，电极损耗率明显高于石墨，而且与石墨相反，电极损耗随着脉宽时间的延长而逐渐升高。这主要是由石墨和铜的熔点不同导致的，由 Kunieda 等通过对放电等离子体柱温度变化的检测分析发现，随着放电持续时间的逐渐延长，由于等离子体柱的热传导和热辐射作用，以及周围工作液的冷却作用，电极表面的温度会逐渐降低，等离子体柱中心维持温度约为 6 000 ℃[5-7]。由此推断，电极表面的温度会低于 6 000 ℃，在放电持续一定时间后，电极表面温度会降到低于石墨的汽化温度，单次放电过程中，石墨电极表面温度只在放电初始的一段时间内高于其汽化温度，使得电极损耗只发生在放电初始的一段时间内，因此，单次放电时间越长，单位时间内放电次数越少，越有利于电极损耗的降低。由于铜的熔点比较低，使得铜电极在放电过程中一直发生损耗，因此，放电时间越长，铜电极损耗越严重。这一现象在使用铜电极加工钢铁材料时得到了验证，当铜电极连接正极时，在放电过程中会在其表面吸附一层碳膜，耐高温损耗的碳膜和具有良好导热性能的铜基体综合作用，能够有效降低电极损耗。由以上分析可知，采用石墨电极时，电极损耗主要发生在脉冲放电开始的一段时间，因此单位时间内的放电次数越多，电极损耗也就会越大，通过延长放电脉宽时间，减小单位时间内的放电次数，有利于降低电火花铣削加工中电极的损耗。

表 5-2　电火花铣削加工条件及主要参数

加工参数	设定值
电极材料	石墨、铜
工件材料	钛合金 TC4
工作液	乳化液(浓度 5%)
脉冲宽度/μs	100，500，1 000，1 500，2 000

续表

加工参数	设定值
脉冲间隔/μs	100
放电电流/A	300
工件极性	正极
电极转速/(r · min^{-1})	600
工作液压力/MPa	1.5
切削厚度/mm	2
电极直径/mm	外径 20，内径 6

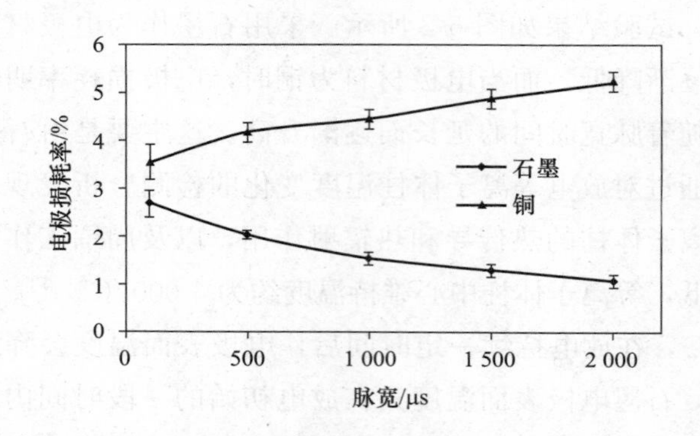

图 5-2　脉宽对电极损耗率的影响作用

电极端部具有棱角时，由于棱角处电场较强，容易触发放电，使得棱角处电极材料被逐渐损耗，最终电极端部稳定时的形状，如图 5-3 所示。加工中所采用的电流较大，单次放电能量较高，因此，在极间产生的热量较多，分配到工具电极表面的热量较多。由于铜的熔点只有 1 083 ℃，使得放电点处的铜很容易被放电能量熔化、汽化而被蚀除掉，最终在电极表面形成如图 5-3(a)所示的肉眼可见的放电凹坑。石墨电极由于是通过微颗粒黏结挤压成形而得到的，其汽化温度为 4 827 ℃，在电火花加工中没有明显的熔化痕迹，电极被损耗的形式主要为高温汽化，石墨以微颗粒的形式被剥离基体表面，由图 5-3(b)可以看出，由于微颗粒直径为微米级，使得电极放电损耗后所形成的表面非常规整光滑，无明显凹坑产生。

本书所研究的电火花铣削主要针对的是难加工材料的粗加工，追求的是尽可能高的加工效率和低的加工成本，对被加工表面的质量要求不高，最终工件的表面质量是通过后续的机械铣削加工的方法来保证的。加工中采用的脉冲电源单次放电能量较普通电火花加工高出很多，当采用铜电极时，由于铜的熔点较低，损耗非常严重；采用石墨电极时，电极损耗较小，而且损耗后表面比较光滑，因此本书采用石墨作为电极材料。

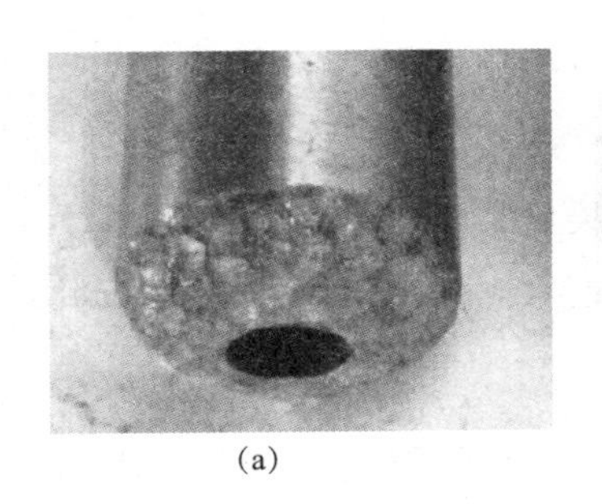

(a)

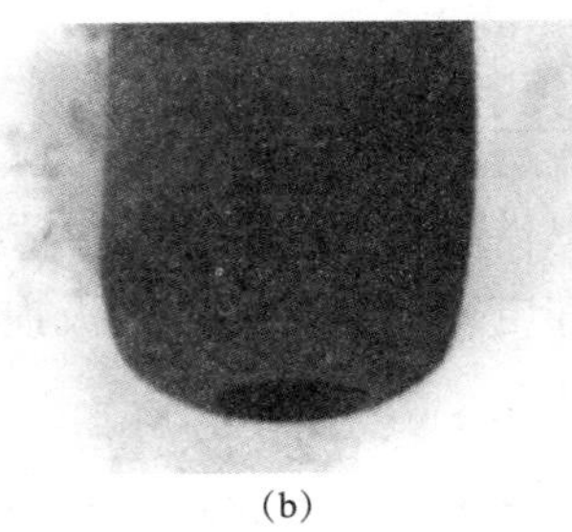

(b)

图 5-3　电极电火花加工后端部形状

(a)铜表面形貌；(b)石墨表面形貌

5.2 加工参数对电极损耗影响的研究

5.2.1 电极损耗试验设计

为研究各加工参数对电火花铣削加工电极损耗率的影响，设计了六因素五水平的正交试验 L25(5^6)，因素各水平见表 5-3，电火花铣削加工中主要的加工参数为：脉宽(T_{on})、脉间(T_{off})、峰值电流(I)、冲液压力(P)、单层切削厚度(D)和电极转速(S)等，为了后续分析的方便，脉宽、脉间、峰值电流、冲液压力、单层切削厚度和电极转速分别用 F_1、F_2、F_3、F_4、F_5 和 F_6 表示。试验采用直径为 20 mm 的石墨电极，冲液采用 6 mm 中心孔与外侧 20 个 2 mm 环孔相配合的方式，以钛合金 TC4 作为代表性的难加工材料，采用正极性加工。

表 5-3　试验所选择加工参数及所取水平值

水平	F_1-T_{on} /μs	F_2-T_{off} /μs	F_3-I /A	F_4-P /MPa	F_5-D /mm	F_6-S /(r·min^{-1})
1	400	50	200	0.3	1	200
2	800	100	400	0.6	2	400
3	1 200	150	600	0.9	3	600
4	1 600	200	800	1.2	4	800
5	2 000	250	1 000	1.5	5	1 000

5.2.2 电极损耗试验结果

各加工参数对电极损耗率影响的试验结果见表5-4。根据试验数据，基于方差分析的方法，对各加工参数在电火花铣削加工电极损耗中的作用进行了分析，并对降低电极损耗率的参数组合进行了优化。

表 5-4 电火花铣削加工参数对电极损耗率影响试验结果

试验号	T_{on}/μs	T_{off}/μs	I/A	P/MPa	D/mm	S/(r·min^{-1})	TWR/%
1	400	150	400	1.2	3	400	2.44
2	2 000	150	1 000	0.3	5	800	4.66
3	400	50	200	0.3	1	200	3.76
4	800	250	1 000	1.5	3	200	3.44
5	400	200	1 000	0.9	4	1 000	4.63
6	1 600	150	600	0.9	2	200	1.92
7	2 000	200	600	1.5	1	400	1.05
8	1 600	50	400	0.6	5	1 000	3.28
9	800	150	800	0.9	1	1 000	3.14
10	1 200	250	400	1.5	1	800	1.81
11	1 200	150	200	0.6	4	600	2.65
12	400	250	600	0.3	5	600	3.41
13	1 600	250	800	1.2	4	400	3.89
14	2 000	250	200	0.6	2	1 000	1.29
15	2 000	100	400	0.6	4	200	3.68
16	1 600	100	1 000	1.2	1	600	3.21
17	800	100	200	0.9	5	400	3.72
18	2 000	50	800	0.9	3	600	3.25
19	1 200	200	800	1.2	5	200	2.68
20	400	100	800	1.5	2	800	1.78
21	1 600	200	200	0.6	3	800	1.58
22	1 200	100	600	0.3	3	1 000	3.46

续表

试验号	T_{on}/μs	T_{off}/μs	I/A	P/MPa	D/mm	S/(r·min^{-1})	TWR/%
23	1 200	50	1 000	0.6	2	400	3.07
24	800	50	600	1.2	4	800	2.91
25	800	200	400	1.2	2	600	1.99

根据第 1 次试验中各因素的水平分布和试验结果可以列出：

$$F(X_1)=F_0+F_1^1+F_2^3+F_3^2+F_4^4+F_5^3+F_6^2 \tag{5-1}$$

以此类推，可以列出剩余 24 次试验的方程：

$$F(X_2)=F_0+F_1^5+F_2^3+F_3^5+F_4^1+F_5^5+F_6^4 \tag{5-2}$$

$$F(X_3)=F_0+F_1^1+F_2^1+F_3^1+F_4^1+F_5^1+F_6^1 \tag{5-3}$$

……

$$F(X_{25})=F_0+F_1^2+F_2^4+F_3^2+F_4^1+F_5^2+F_6^3 \tag{5-4}$$

式中　$F(X_i)$——试验号为 i 的试验中，各加工参数(自变量)对应水平的组合所能得到的目标函数值(本试验中为电极损耗率)；

F_0——目标函数的初值；

F_i^j——第 i 因素取第 j 水平对目标函数影响的值。

通过分析各加工参数对电极损耗率的影响作用，研究各加工参数对电极损耗率影响的显著性，并通过优化加工参数水平值的选择，在现有试验加工参数的基础上，找到了能够使电极损耗率最小的最优参数组合。

5.2.3 加工参数对电极损耗率影响的极差分析

试验中电极损耗率的平均值为

$$\overline{F}(X)=\frac{1}{n}\sum_{i=1}^{n}F(X_i) \tag{5-5}$$

式中　n——试验总次数。

加工参数在每个水平的电极损耗率平均值为

$$\overline{F_i^j}=\frac{1}{r_i}\sum_{F_i^j\in F(X_k)}^{\infty}F(X_k) \tag{5-6}$$

式中　r_i——因素水平数。

为了研究各加工参数所取水平对电极损耗率的影响程度，对电极损耗率在各加工参数不同水平条件下的极差进行了分析，极差的计算方法为

$$\Delta F_i=\max(\overline{F_i^j})-\min(\overline{F_i^j}) \tag{5-7}$$

各加工参数取不同的水平时，电极损耗率的平均值及其极差分析结果见表 5-5，表中 A_i ($i=1$，2，…，5)表示当加工参数取第 i 个水平时电极损耗率的平均值。

表 5-5　加工参数在各水平的电极损耗率平均值及其极差

参数	A_1/%	A_2/%	A_3/%	A_4/%	A_5/%	极差/%
T_{on}	3.206	3.038	2.733	2.733	2.784	0.473
T_{off}	3.253	3.168	2.959	2.384	2.768	0.869
I	2.6	2.638	2.55	2.945	3.8	1.25
P	3.55	2.975	3.067	2.504	2.437	1.113
D	2.593	2.007	2.834	3.551	3.549	1.544
S	3.094	2.832	2.902	2.547	3.159	0.612

各加工参数对电极损耗率的影响如图 5-4 和图 5-5 所示。图 5-4 表明，脉间、放电电流、冲液压力和单层切削厚度所取水平值的变化会对电极损耗产生明显的影响。脉间决定着连续两次放电之间电极表面的冷却时间，脉间越长，冷却效果越好，但是脉间的延长会影响加工效率的提高。放电电流决定着放电能量的大小，随着放电电流的增大，分配到电极表面的能量逐渐增加，导致电极损耗逐渐升高。冲液压力决定着单位时间内极间的冷却效果，单位时间内流经放电区域的工作液越多，越有利于快速地降低电极表面的温度，从而有利于电极损耗的降低。单层切削厚度影响着极间工作液流场的分布，同时决定着电极与工件之间的放电面积大小，切削厚度越大，工作液流经放电区域的流量就越少，从而使得冷却效果减弱。同时，单层切削厚度的增加也会使得电极侧面放电的比例增加，导致电极侧面损耗严重，电极底端形状精度降低，因此，加工中采用较小的切削厚度有利于降低电极损耗。

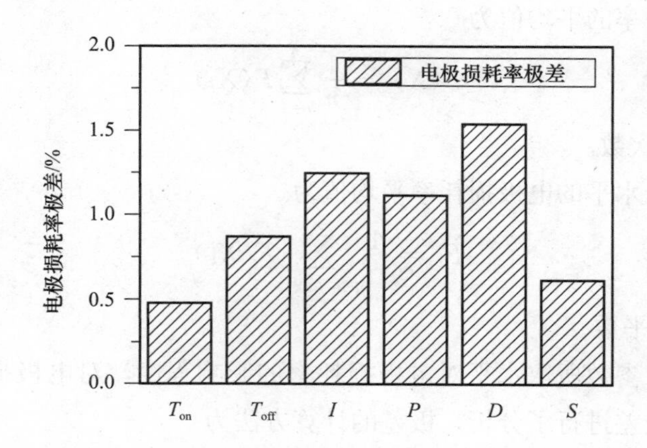

图 5-4　加工参数对电极损耗率影响的极差分析

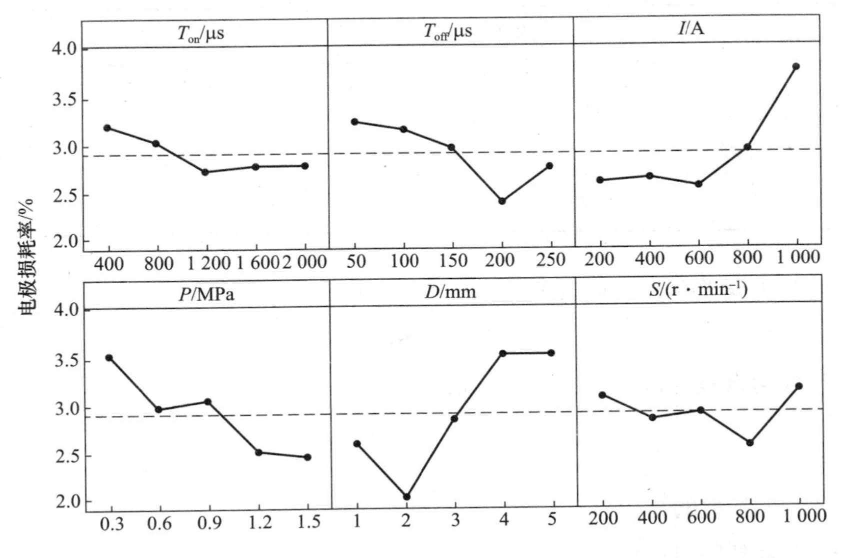

图 5-5 加工参数不同水平对电极损耗率影响的研究

5.2.4 加工参数对电极损耗率影响的显著性分析

通过极差分析的结果可以发现，在六个加工参数中，脉宽对电极损耗率的影响作用最小，因此，将其归类为不明显因素。

各加工参数的离差平方和为

$$S(F_i)=\sum_{j=1}^{l_i}(\overline{F}_i^j-F_i)^2 \tag{5-8}$$

式中 l_i——水平数；

F_i——第 i 个因素五个水平的目标函数的平均值。

经计算所得，各加工参数在各水平的电极损耗率效应值及其离差平方和见表 5-6。

表 5-6 各加工参数各水平材料去除率效应值及其离差平方和

因素	各水平下的效应值					$S(F_i)$
	1	2	3	4	5	
T_{on}	0.299	0.131	−0.174	−0.174	−0.123	0.182 243
T_{off}	0.346	0.261	0.052	−0.523	−0.139	0.483 391
I	−0.307	−0.269	−0.357	0.038	0.893	1.092 952
S	0.643	0.068	0.16	−0.403	−0.47	0.826 982

续表

因素	各水平下的效应值					$S(F_i)$
	1	2	3	4	5	
P	−0.314	−0.9	−0.073	0.644	0.642	1.740 825
D	0.187	−0.075	−0.005	−0.36	0.252	0.233 723

将脉宽列归为误差列，因此误差效应的偏差平方和为

$$S(e)=S(F_1) \tag{5-9}$$

各加工参数均方差与误差均方差的比值为

$$F_i(f_i,\ f_e)=\frac{S(F_i)/f_i}{S(e)/f_e} \tag{5-10}$$

式中　f_i——加工参数的自由度；

　　　f_e——误差列的自由度。

当 $F_i(f_i,\ f_e)>F_{0.01}(f_i,\ f_e)$ 时，说明该因素对目标函数的影响高度显著，用两个 * 来表示；当 $F_{0.01}(f_i,\ f_e)>F_i(f_i,\ f_e)>F_{0.05}(f_i,\ f_e)$ 时，说明该因素对目标函数的影响显著，用一个 * 来表示；当 $F_i(f_i,\ f_e)<F_{0.05}(f_i,\ f_e)$ 时，说明该因素对目标函数的影响不显著。

通过计算 F 值分布分析各加工参数对电极损耗率影响的显著性，其结果见表 5-7。结果表明，切削厚度对电极损耗率的影响最为显著，这说明放电间隙内工作液流场的分布，以及电极侧面的放电面积是影响电极损耗率的主要因素。

表 5-7　加工参数对电极损耗率影响显著性的研究

方差来源	离差平方和	自由度	平均离差平方和	F 值	临界值	显著性
T_{on}	0.483	4	0.121	2.656		
I	1.093	4	0.273	6.005	$F_{0.05}(4,\ 4)$	
P	0.827	4	0.207	4.544	$=6.39$	
D	1.741	4	0.435	9.565	$F_{0.01}(4,\ 4)$	*
S	0.234	4	0.058	1.284	$=15.98$	
误差	0.182	4	0.046			

5.2.5　加工参数优选

当第一个因素取第一水平，即脉宽为 400 μs 时，电极损耗率的平均值为

$$\overline{F}_1^1=\frac{F(X_1)+F(X_3)+F(X_5)+F(X_{12})+F(X_{20})}{5} \tag{5-11}$$

将 $F(X_1)$，$F(X_3)$，$F(X_5)$，$F(X_{12})$，$F(X_{20})$代入式(5-11)得

$$\overline{F}_1^1=F_0+F_1^1+\frac{F_2^1+F_2^2+F_2^3+F_2^4+F_2^5}{5}+\frac{F_3^1+F_3^2+F_3^3+F_3^4+F_3^5}{5}+\frac{F_4^1+F_4^2+F_4^3+F_4^4+F_4^5}{5}+\frac{F_5^1+F_5^2+F_5^3+F_5^4+F_5^5}{5}+\frac{F_6^1+F_6^2+F_6^3+F_6^4+F_6^5}{5} \tag{5-12}$$

引入 A_1 对上式进行简化，令

$$A_1=F_0+\frac{F_2^1+F_2^2+F_2^3+F_2^4+F_2^5}{5}+\frac{F_3^1+F_3^2+F_3^3+F_3^4+F_3^5}{5}+\frac{F_4^1+F_4^2+F_4^3+F_4^4+F_4^5}{5}+\frac{F_5^1+F_5^2+F_5^3+F_5^4+F_5^5}{5}+\frac{F_6^1+F_6^2+F_6^3+F_6^4+F_6^5}{5} \tag{5-13}$$

将 A_1 代入式(5-12)，得

$$\overline{F}_1^1=F_1^1+A_1 \tag{5-14}$$

因此

$$F_1^1=\overline{F}_1^1-A_1 \tag{5-15}$$

以此类推

$$F_1^j=\overline{F}_1^j-A_1(j=1,\ 2,\ \cdots,\ 5) \tag{5-16}$$

上式中，由于 F_0 为未知数，因此，式中 A_1 的值无法求得。但是，由于式(5-16)中 A 为固定值，因此，可以根据式(5-6)所求得的 $\overline{F}_1^1$，$\overline{F}_1^2$，$\overline{F}_1^3$，$\overline{F}_1^4$，$\overline{F}_1^5$ 值，对 F_1^1，F_1^2，F_1^3，F_1^4，F_1^5 的大小关系进行排序：

$$F_1^1+A_1>F_1^2+A_1>F_1^5+A_1>F_1^3+A_1>F_1^4+A_1 \tag{5-17}$$

由此可以得出，脉宽在不同水平对电极损耗率影响作用的大小关系：

$$F_1^1>F_1^2>F_1^5>F_1^3>F_1^4 \tag{5-18}$$

因此，在不知道 F_1^1，F_1^2，F_1^3，F_1^4，F_1^5 具体值的情况下，可以通过数学的方法，分析得出不同水平对电极损耗率影响的大小。

根据式(5-18)相同的计算方法，在不知道 $F_i^j(i=1,\ 2,\ \cdots,\ 6;\ i=1,\ 2,\ \cdots,\ 5)$具体值的情况下，可以通过数学的方法分析，得出不同水平对电极损耗率影响的大小，结合图 5-5 所示各加工参数不同水平对电极损耗率的影响作用，采用表 5-8 所示的加工参数水平组合能够使得电极损耗率最小。

表 5-8　电极损耗率最低时各加工参数水平的组合

T_{on}/μs	T_{off}/μs	I/A	P/MPa	D/mm	S/(r・min^{-1})
2 000	200	200	1.5	2	800

根据各加工参数在电极损耗率最低时所组成的水平组合，电极损耗率目标函数的展开式为

$$F(x_1^5, x_2^4, x_3^1, x_4^5, x_5^2, x_6^4)=F_0+F_1^5+F_2^4+F_3^1+F_4^5+F_5^2+F_6^4 \tag{5-19}$$

在25组试验中，第7次试验的加工参数水平组合与最优组合相近，现用第7次试验的数据来计算最优值：

$$\begin{aligned}F(x_1^5, x_2^4, x_3^1, x_4^5, x_5^2, x_6^4)-F(X_7)&=(F_0+F_1^5+F_2^4+F_3^1+F_4^5+F_5^2+F_6^4)-\\&\quad(F_0+F_1^5+F_2^4+F_3^3+F_4^5+F_5^1+F_6^2)\\&=(\overline{F}_3^1-\overline{F}_3^3)+(\overline{F}_5^1-\overline{F}_5^3)+(\overline{F}_6^1-\overline{F}_6^3)=-0.821\%\end{aligned} \tag{5-20}$$

因此，采用最优的加工参数水平组合，其电极损耗率预计为

$$F(x_1^5, x_2^4, x_3^1, x_4^5, x_5^2, x_6^4)=F(X_{14})-1.063\%=0.229\% \tag{5-21}$$

由以上的计算分析，可以得出使得电极损耗率最低的各加工参数水平组合的优选，当脉宽为2 000 μs、脉间为800 μs、放电电流为200 A、冲液压力为1.5 MPa、单层切削厚度为2 mm、电极转速为800 r/min时，电火花铣削加工的最小电极损耗率预计可以达到0.229%，经试验验证，此加工参数条件下的实际电极损耗率为0.91%，见表5-9。

表5-9 最优加工参数下的加工结果

参数	T_{on} /μs	T_{off} /μs	I /A	P /MPa	D /mm	S /(r·min^{-1})	MRR /(mm^3·min^{-1})	TWR /%
设定值	2 000	200	200	1.5	2	800	8 631.58	0.91

5.3 电火花铣削电极损耗补偿方法分析

在电火花铣削加工过程中，工具电极的下端面和侧面都会产生不同程度的损耗，电极下端面损耗导致电极轴向长度变短，影响加工的尺寸精度，电极侧面损耗导致电极放电区域直径变小，影响加工的表面形状精度。由于大电流放电时，电极侧面和轴向损耗都比较明显，因此，根据电极侧面损耗与轴向损耗的特点，分别进行了电极损耗补偿的研究。

5.3.1 电火花铣削电极侧面损耗补偿方法分析

在电火花铣削加工中，如果不考虑电极侧面损耗，会导致所加工工件表面在相邻两个电极运动轨迹之间产生凸起。如图5-6(a)所示，当相邻两个电极运动轨迹没有重叠时，由于在放电过程中电极侧面损耗的缘故，工件表面会在两次电极运动轨迹相邻处形成如图5-7所示的明显的凸起，导致加工表面不平整，影响后续的加工。因此，针对电极侧面损耗导

致的加工表面不平整问题，采用设定轨迹重叠率的方法进行了解决，如图 5-6(b)所示，相邻电极运动轨迹之间，通过调整轨迹重叠的大小，可以有效控制所产生凸起的高度。

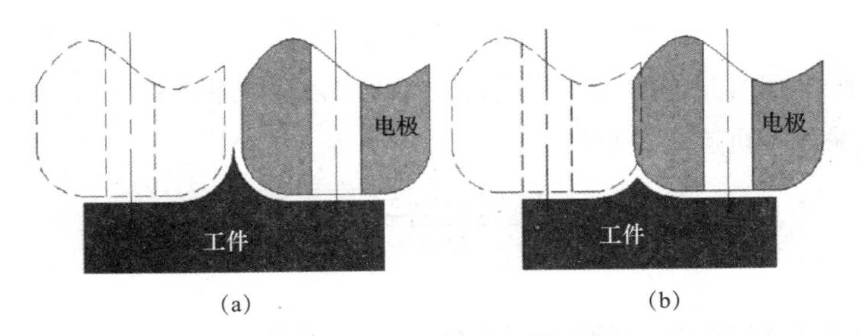

图 5-6　电极侧面损耗对加工表面的影响

(a)无轨迹重叠时；(b)有轨迹重叠时

图 5-7　不考虑电极侧面损耗所加工表面

轨迹重叠率与表面凸起高度的关系，如图 5-8 所示。图 5-8 中电极直径为 D，轨迹重叠宽度为 δ，侧面放电间隙为 d_{side}，底面放电间隙为 d_{bottom}，电极底端损耗圆倒角为 r，单层切削厚度为 T_{cutting}，加工后表面凸起高度为 ΔZ。轨迹重叠率的计算公式为

$$\eta=\frac{\delta}{D+2d_{\mathrm{side}}} \tag{5-22}$$

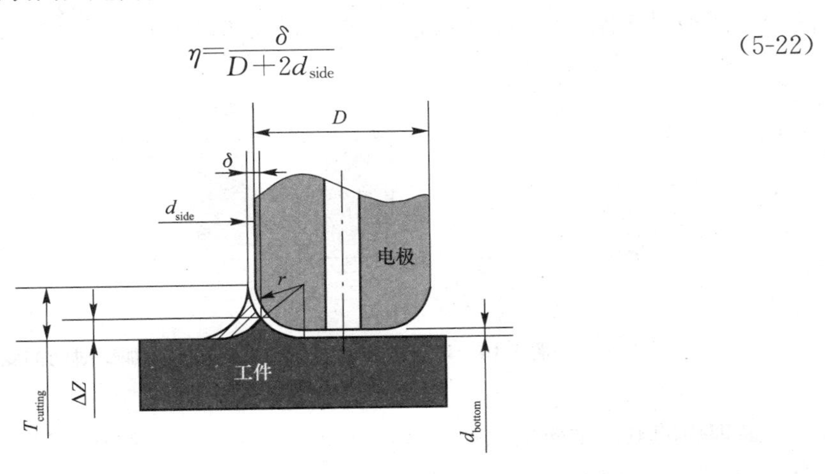

图 5-8　轨迹重叠率与表面凸起高度关系

实际加工中发现，侧面放电间隙与底面放电间隙相同，电极底端损耗所形成的稳定圆角与单层切削厚度相同，因此，工件表面凸起高度为

$$\Delta Z = r + d_{\text{side}} - \sqrt{2\eta - \eta^2 (D + 2d_{\text{side}})^2} \tag{5-23}$$

在加工中可以根据所允许的表面凸起最大高度 $\Delta Z_{\max}$，通过式(5-24)的计算结果，来调整电极运动轨迹编程时轨迹重叠率的大小。

$$\eta \geqslant \frac{r + d_{\text{side}} - \sqrt{2\eta \Delta Z_{\max} - \Delta Z_{\max}^2}}{D + 2d_{\text{side}}} \tag{5-24}$$

5.3.2 电火花铣削电极轴向损耗补偿方法分析

在电火花铣削加工中，如果不考虑电极轴向长度的损耗，所加工的表面会如图 5-9 所示，由于加工中电极长度变短，使得所加工表面为斜面，降低了加工的尺寸精度。

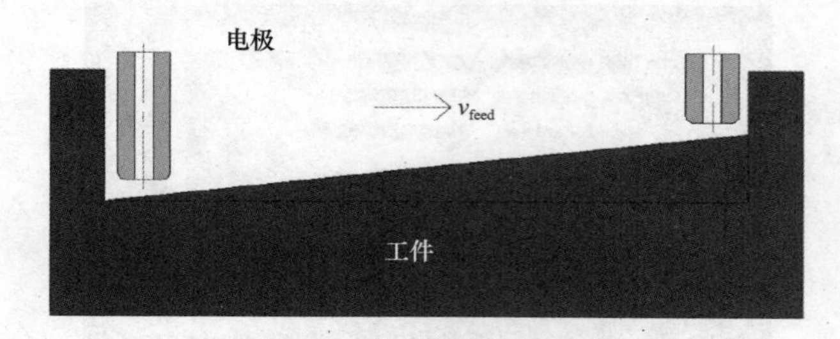

图 5-9　电极损耗轴向损耗对加工表面的影响

本书主要研究对象是电火花铣削的粗加工，主要目的是尽可能地提高难加工材料的加工效率，对工件的形状和尺寸精度要求较精加工低。在电火花铣削加工中所使用的工具电极为圆柱形管状电极，电极的转动使得电火花加工均匀发生在电极放电端部圆周各方向上，因此，稳定加工时电极损耗形成的电极端部几何圆角形状会保持不变，电极相当于在轴向一层一层地损耗掉，如图 5-10 所示，轴向损耗在稳定加工时是均匀发生的。

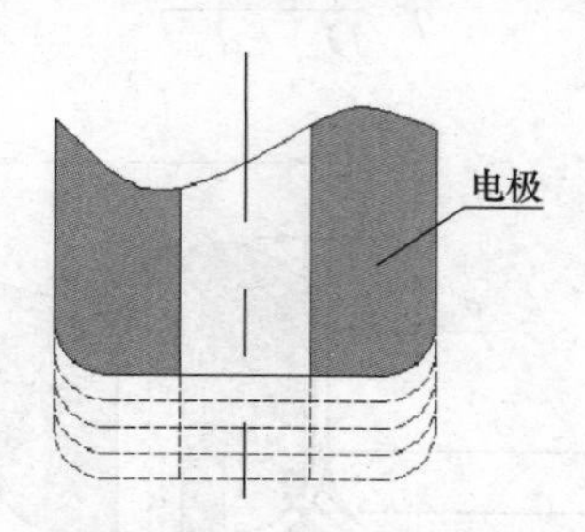

图 5-10　电极放电端部损耗几何形状随加工时间的变化

最理想的电极轴向损耗补偿是根据电极损耗速度在原水平进给方向附加一个电极轴向向下的运动来实时补偿电极损耗，电极轴向和水平方向进给合成的进给速度，能够控制放电点在整个加工过程中处在同一水平面上，从而使得加工出来的面为平面。在实际电火花

加工过程中，电极损耗的情况受电参数等内部因素和冲液效果等外部因素的综合作用，处于实时变化中，很难保证电极损耗的实时稳定性，由于无法实时获取准确的电极损耗速度，因此实现这种理想补偿非常困难。由于电火花单次放电的随机性，目前条件下还不能实现对电极损耗的实时精确预测，因此，目前电火花铣削补偿策略均会存在一定的补偿误差，对于如何尽可能降低补偿误差，各国学者进行了大量尝试[8,9]，研究的结果大多都只针对特定的加工条件，目前还没有一种通用的电极损耗补偿方法可以满足各种加工条件下的电极损耗补偿。

5.4 不同加工条件下电极轴向损耗补偿策略设计

5.4.1 简单规整沟槽加工时补偿策略的设计

在电火花铣削加工中，通过单位时间内电极损耗体积与工件去除体积比计算所得的电极损耗率，不能够直接应用于电极轴向损耗的补偿，需要对计算方法进行一定的简化。由于每次加工中，电极的直径和加工深度是一定的，电极的进给速度能够直接反映工件材料的蚀除效率，电极损耗速度能够反映电极损耗的严重程度，因此，电极损耗率的计算可以简化为

$$TWR=\frac{v_{\mathrm{wear}}}{v_{\mathrm{feed}}} \tag{5-25}$$

式中　v_{wear}——电极损耗速度(mm/min)；

v_{feed}——电极进给速度(mm/min)。

由于数控系统控制电极运动时，每一行电极运动程序中只能存在一个运动速度，电极损耗的补偿不能通过直接控制电极轴向的运动来实现。因此，需要引入加工时间，将电极损耗速度转化为加工时间内的电极损耗长度，并将电极损耗长度叠加到加工程序中，从而实现电极损耗的实时补偿。

当加工时间为 t 时：

$$TWR=\frac{v_{\mathrm{wear}}}{v_{\mathrm{feed}}}=\frac{v_{\mathrm{wear}}t}{v_{\mathrm{feed}}t}=\frac{\Delta L}{s} \tag{5-26}$$

式中　ΔL——加工时间 t 内的电极损耗长度(mm)；

s——加工时间 t 内的电极运动距离(mm)。

基于工具电极加工路径的电极轴向损耗补偿流程，如图 5-11 所示。电极损耗率通过试验获得，控制电极运动轨迹的数控代码既可以手动编写，也可以通过 UG 软件生成，根据每一行电极运动的距离 s 和电极损耗率 TWR 计算出每一行数控代码加工中所损耗的电极长

度 ΔL，将电极损耗长度叠加到加工代码中，从而获得带有电极轴向损耗补偿的电火花铣削数控代码。

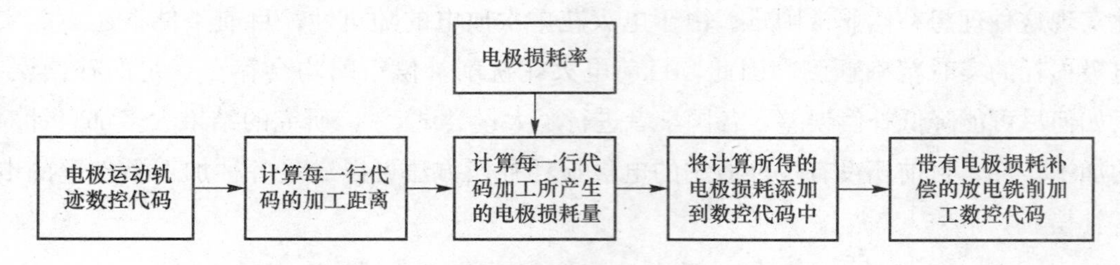

图 5-11　将电极损耗叠加到数控代码中的流程

基于电极加工路径的电极轴向损耗补偿策略所加工样件，如图 5-12 所示。由于这种损耗补偿方法需要计算电极加工中的运动距离，而且为了保证电极损耗速度的稳定，在加工中加工厚度需要保持一致，因此，这种补偿方法比较适用于规整沟槽等电极运动距离容易计算的简单几何形状工件的加工。

图 5-12　基于电极加工路径的电极轴向损耗补偿策略所加工样件

5.4.2　小型腔加工时补偿策略的设计

基于电极加工路径的电极轴向损耗补偿策略，其电极损耗率是通过前期加工试验获得，因此，补偿会产生一定的误差，而且加工误差会随着加工时间的持续而逐渐被放大，使得采用这种补偿策略所加工工件的加工精度逐渐降低。为此提出了如图 5-13 所示的基于分层对刀的电极轴向损耗补偿策略，其电极损耗是通过中断加工，控制电极进行对刀，测量电极实际长度获得的，因此，所得到的电极损耗量为实际损耗值，加工中不会产生误差积累的问题。

在电火花铣削加工中，采用类似于机械铣削的分层加工方法，根据数控代码中对电极路径的分层，在完成一层的加工进行下一层加工之前，数控系统中断加工程序，控制电极运动到预设的固定参考点，使用电火花加工特有的接触感知功能，在预设的基准面进行电极的自动对刀，测量电极的实际长度，对比前后两次电极的长度，计算出上一层加工中的电极损耗量，再通过修改电极长度实现电极损耗的补偿。

基于分层对刀补偿策略所加工型腔如图 5-14 所示。这种补偿方法中，上一层的电极轴向损耗补偿总是在下一层加工开始之前完成，每一层的加工中不进行电极损耗的补偿，电极损耗量的测量是通过对刀实现的，因此，每次的补偿量是准确可靠的。这种间歇补偿的方法，由于在电火花加工过程中不进行实时补偿，影响加工精度的主要因素是单层的加工面积，单层的加工面积越大，电极损耗量越大，所加工的表面精度越差，因此，这种补偿方法比较适用于单层加工面积较小的型腔。

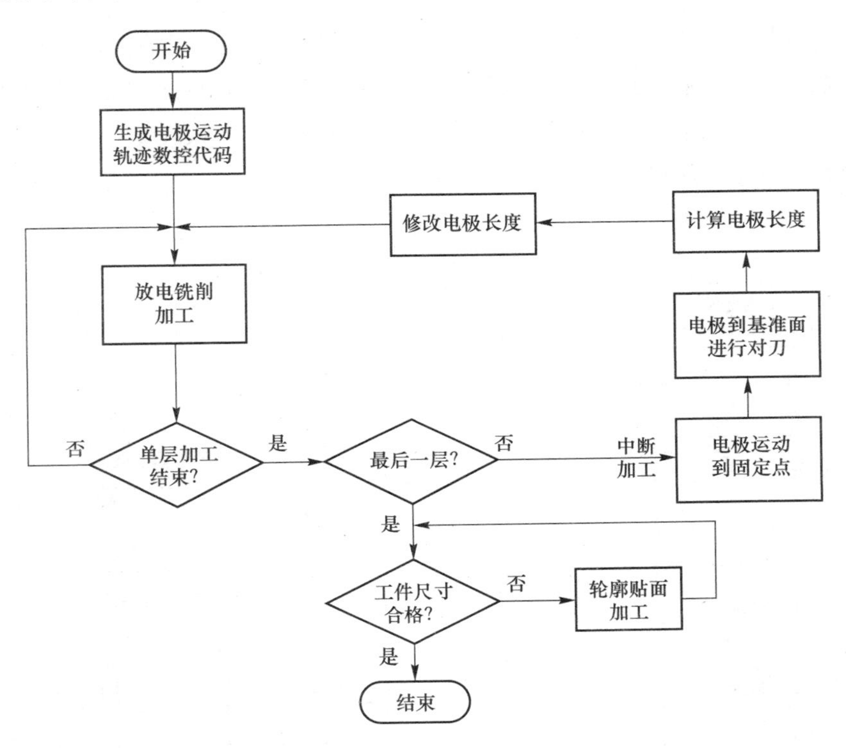

图 5-13　基于分层对刀的电极轴向损耗补偿策略流程图

图 5-14　基于分层对刀补偿策略所加工型腔

5.4.3 大平面加工时补偿策略的设计

基于分层对刀的电极轴向损耗补偿策略，在加工大平面时，电极损耗会导致在单层加工的后半阶段，电极与工件表面产生一定的距离，无法发生放电，影响后续加工的进行，因此，针对大平面的加工，设计了如图 5-15 所示的基于定时对刀的电极轴向损耗补偿策略。

电火花铣削加工大平面时，根据数控系统设定的定时时间，电极每运动到设定时间即中断加工，数控系统控制电极运动到预设的固定点，使用接触感知功能测量电极长度，与前一次对刀时的电极长度对比计算，得出在定时时间内的电极损耗量，再在数控系统中通过修改电极长度将电极轴向损耗补偿到加工程序中。

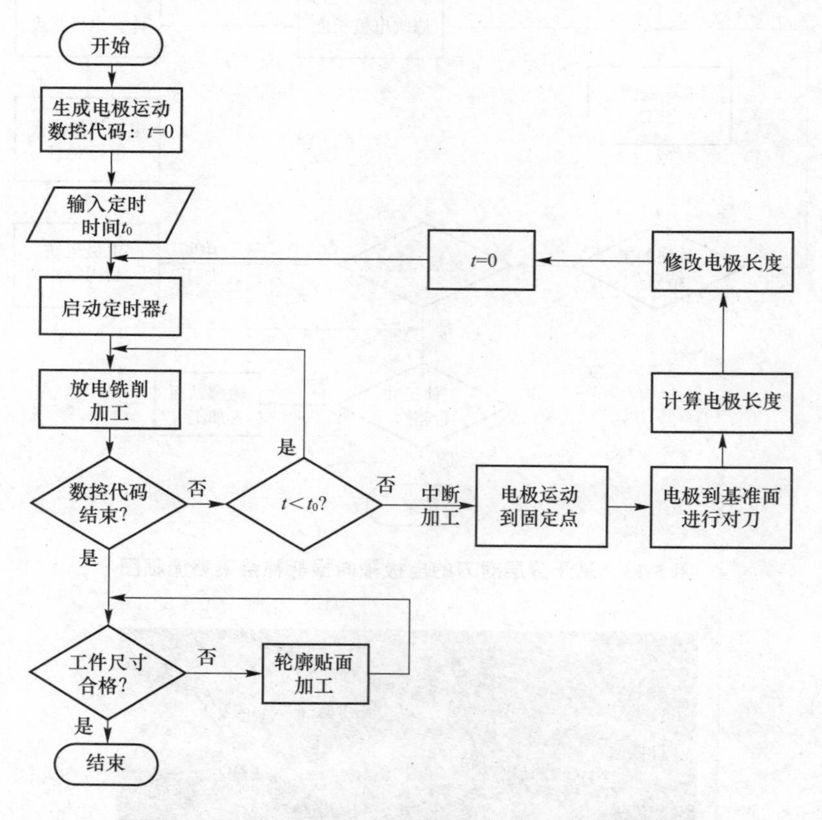

图 5-15 基于定时对刀的电极轴向损耗补偿策略流程图

基于定时对刀补偿策略所加工样件如图 5-16 所示。在这种补偿方法中，前一段加工时间内的电极损耗会在下一段加工开始之前进行补偿，因此，这是一种间歇式补偿方法。在加工中不进行补偿，加工表面会产生一定的精度误差，精度误差的大小取决于对刀的定时时间。通过调整定时时间可以控制加工尺寸误差的大小，设定的定时时间越短，所加工表面精度越高，但是频繁地对刀会显著降低加工效率，因此，在满足加工表面要求的前提下，需要尽可能地延长定时时间。

图 5-16　基于定时对刀补偿策略所加工样件

5.4.4　曲面加工时补偿策略的设计

电火花铣削加工各种复杂曲面时，电极运动轨迹中会存在大量的非放电空走刀路径，采用分层对刀或定时对刀电极轴向损耗补偿策略时，会存在对刀过于频繁影响加工效率，或对刀间歇过长影响加工精度的问题，因此，考虑电极的非放电空走刀路径，设计了基于有效放电时间统计的定时对刀补偿策略。其补偿流程如图 5-17 所示。

在定时对刀补偿策略的基础上，借助脉冲电源的放电检测模块，设计了基于有效放电时间统计的定时对刀电极轴向损耗补偿策略。在电火花铣削加工中，通过脉冲电源中的放电检测模块，根据极间电压实时统计加工中的实际电火花加工时间，当实际放电时间达到预设的定时时间 t_0 时，脉冲电源通过与数控系统进行通信，中断电火花加工，控制电极运动到固定点检测电极长度，通过与前一次对刀测得的电极长度对比，计算得出 t_0 放电时间内电极的损耗量，并通过修改电极长度实现电极损耗的补偿。加工中可以根据电火花铣削电极损耗的严重程度，通过调整预设的定时时间，控制所加工表面的精度误差。

基于有效放电时间统计的定时对刀补偿策略所加工的样件如图 5-18 所示。由于曲面和沟槽的同时存在，虽然单层电火花加工材料蚀除量不大，但是由于加工中存在大量的电极非放电空走刀情况，电极损耗补偿策略不考虑非放电空走刀时，会浪费大量的加工时间。这种基于有效放电时间统计的补偿策略优势在于，采用放电状态检测模块，通过检测放电状态对放电时间进行统计，避免了大量非放电空走刀时间对刀时间的影响，根据实际放电时间而设定的对刀定时时间，有利于减少对刀次数，提高电火花铣削的加工效率。

5.4.5　复杂形貌工件加工时补偿策略的设计

上述采用间歇式中断加工进行对刀的补偿策略，是通过调整电极长度实现了电极损耗的补偿，提高电极对刀的频率可以提高加工精度，但是由于每次到固定点进行对刀，检测

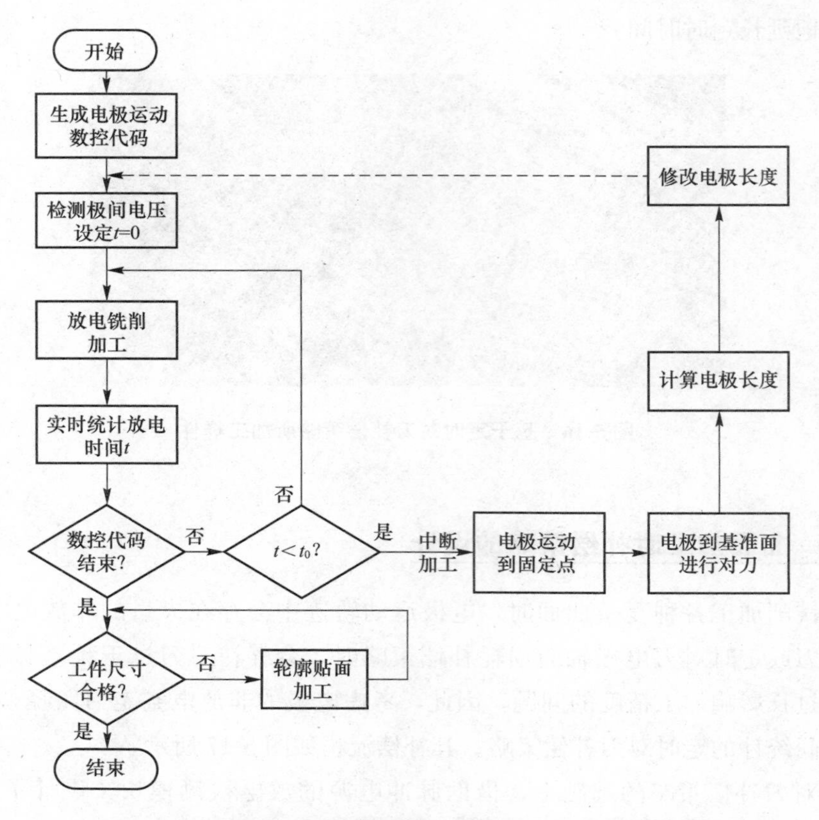

图 5-17　基于有效放电时间统计的定时对刀补偿策略流程图

图 5-18　基于有效放电时间统计的定时对刀补偿策略所加工样件

电极损耗时都需要耗费大量的时间，因此会显著降低电火花铣削的加工效率。基于工具电极加工路径的电极轴向损耗补偿策略虽然不需要中断加工进行对刀动作，但是由于其电极损耗率是通过预测获得的，存在一定的误差，因此，随着电火花加工时间的持续，电极轴向损耗补偿的误差会逐渐被放大，从而使得加工精度逐渐下降。为了既能保证加工精度又能保证加工效率，在上述电极轴向损耗补偿策略的基础上，提出了基于有效放电时间统计的定时对刀与预测补偿相结合的电极轴向损耗补偿策略。

基于有效放电时间统计的定时对刀与预测补偿相结合的补偿策略流程如图 5-19 所示。在电火花铣削加工过程中，通过脉冲电源放电状态检测模块，实时检测放电状态并统计实际电火花加工时间，每间隔 t_0 实际放电时间，根据前期试验得出的 t_0 放电时间内的电极损耗量修改电极长度，进行电极损耗的补偿。同时，为了解决试验预测所得电极损耗存在一定误差的问题，每电火花加工 $N \times t_0$ 时间，脉冲电源通过数控系统中断加工，控制电极运动到固定点进行对刀，检测电极的长度，计算电极损耗量 I，再根据实际电极损耗量对电极长度进行调整，起到了对 N 次电极损耗预测补偿的误差进行校正的作用，从而使得无须前期进行大量试验，加工中同样能够获得高精度的电极损耗补偿。在电极完成对刀，继续进行电火花铣削加工时，后续 N 次的预测补偿，每次的补偿量参考前 $N \times t_0$ 放电时间内的实际电极损耗量 l，预测每 t_0 时间电极损耗量为 I/N，从而使得电极损耗预测补偿量能够根据电极实际损耗的变化进行修正，有利于电极损耗补偿精度的提高。

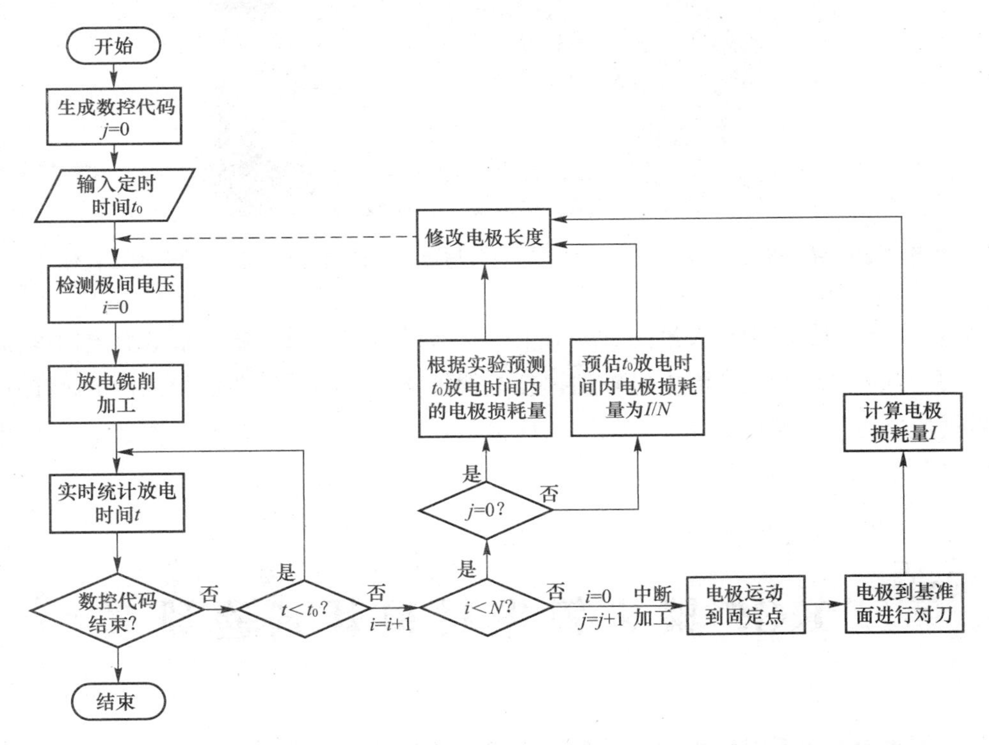

图 5-19　基于有效放电时间统计的定时对刀与预测补偿相结合的补偿策略流程图

在实际加工中，这种补偿策略可以通过缩短每次预测补偿的间歇时间 t_0，实现接近于实时的预测补偿，同时，通过调节预测补偿次数 N 来控制两次电极对刀之间的时间间隔，从而有效控制电火花铣削加工中电极损耗的补偿精度。在进行第一次电极对刀之前，每次的补偿量是通过前期试验预测获得的，在进行第一次对刀之后，每放电

$N \times t_0$ 时间，电极实际损耗量均会通过对刀获得，因此，后续预测补偿量能够参考实际损耗量进行调整，从而使得电极损耗的预测补偿能够自动适应加工条件的变化。随着加工的进行，在电极损耗逐渐稳定后，通过增大 N 值，延长两次电极对刀之间的时间间隔，能够减少对刀次数，从而在有效控制加工误差的前提下，减少对刀过程对加工效率的影响。

基于有效放电时间统计的定时对刀与预测补偿相结合的电极轴向损耗补偿策略所加工的样件，如图 5-20 所示，样件中的型腔大小各异，而且存在单层加工面积非常大的开放型腔。采用这种补偿策略，既避免了加工小型腔时，电极频繁对刀影响加工效率的问题，也避免了加工大平面时，对刀间隔时间过长影响加工精度的问题。

图 5-20　基于有效放电时间统计的定时对刀与预测补偿相结合补偿策略所加工样件

在电火花铣削加工中，大量的实际加工试验结果表明，采用基于有效放电时间统计的定时对刀与预测补偿相结合的电极轴向损耗补偿策略，在各种复杂形貌工件的加工中具有良好的适应能力，能够在保证加工精度的前提下，通过减少电极的对刀次数，显著提高工件的加工效率。

5.5　KG5 碳化钨电极损耗试验研究

在电火花加工中，因电极与工件同时受到放电高温影响，两者都会受到熔融与汽化，导致电极被损耗，影响加工精度。对此，国内外学者开展了电极损耗研究。Tsai 等研制铬-铜基复合电极，通过改善其耐磨性、耐腐蚀性，降低电极损耗[10]。Khanra 研发了电极新材料 ZrB2-Cu 复合材料，具有导电率高、导热率高、耐电蚀性强等优势，与常用的紫铜电极相比，电极损耗率明显降低[11]。郭红桥等（2014）研制 Cu-Ni 复合电极，在电火花加工 1Cr18Ni9Ti 不锈钢材料中，电极损耗明显降低，能较好提高电火花加工小孔的精度[12]。都金光等(2017)通过正交试验分析了铜电极加工 Inconel 718 合金材料过程中，不同电参数的电极损耗的影响[13]。

降低电极损耗是提高电火花加工精度的重要手段。常用的紫铜和石墨电极的损耗较大，用于普通电火花加工尚且可以，但难以满足微细电火花精加工要求，KG5 碳化钨具有高熔点和高汽化点的优点[14]，可作为微细电火花加工的电极材料。本试验研究放电参数对 KG5 碳化钨电极的损耗影响，为实现微细电极的损耗控制提供依据，提升微细电火花加工质量和加工稳定。

5.5.1 试验方案

1. 试验材料

本试验的电极材料为 KG5 碳化钨，其特性见表 5-10。试件材料为 SKD11，热处理后硬度高、强度高、刚性好，具有耐磨损、耐腐蚀、耐高温等特性，加工成微小零件后不易变形，常用于高深宽比的微结构和微元件。本试验以指定尺寸的微细电极，对试件进行深宽比为 10 的电火花钻孔加工。试件加工后，进行电极损耗观察与策略，所得结果与加工参数进行分析。

表 5-10 KG5 碳化钨材料特性

材料	WC (±0.5%)	Co (±0.5%)	粒度 /μm	比重 /(g·cm^{-3})	硬度 /HRA	抗折强度/ Pa	压缩强度/ Pa	热膨胀系数/ ℃$^{-1}$	冲击强度/ Pa	热传导率/ [W·(m·K)$^{-1}$]
KG5	88	12	23	14.31	88.3	340	470	5.4	0.58	0.17

2. 试验仪器与设备

本试验采用 Sodick AD30L 精密电火花成形机床，其电路回路为电晶体电路，电火花加工液为煤油，以花岗石为机台结构，三轴使用线性电动机、空气轴承及控制器驱动，精度可达到 5 μm，解析度可达 0.5 μm，最小放电开路电压、脉冲电流及持续/休止时间分别为 50 V、0.1 A、0.5 μs。微细放电后，采用 FEI Quanta400F SEM 观察微观组织。

3. 电极制作

电极制作是电火花加工非常重要的环节，传统电极制作多用车削、磨削等加工方法。但是，当电极小于 1 mm 时，需要采用非传统加工方式，常用电火花加工。本研究采用图 5-21 所示的线放电研磨法(Wire Electro-Discharge Machining，WEDM)，利用行进的电极丝与旋转中的电极进行电火花加工，制作出所需电极，由于电极丝不断前进，基本上没有损耗影响，该方法制作效率高，加工的电极尺寸精度较好。

4. 试验规划

在普通电火花加工中，主要影响参数为电压、电流、脉冲和脉间等；在微细电火花加

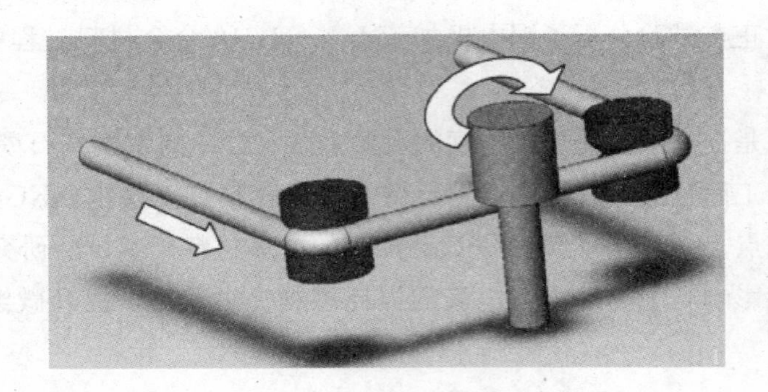

图 5-21　线放电研磨法(WEDM)示意图

工中，放电电容与电阻也会影响加工效果[15]。由于 Sodick AD30L 精密电火花成形机床的电容与电阻不能改变，为研究放电参数对于加工效果的影响，将试验分为电压与电流的影响、脉冲和脉间的影响。电极直径设定为 1.0 mm，长度设定为 1.2 mm，钻孔深度设定为 3.0 mm，最大电极进给速率设定为 600 μm/min。第一组试验中，选择电压为 90 V、160 V、200 V，电流为 0.2 A、0.5 A、1 A、1.5 A、2.0 A 和 3.0 A，脉冲和脉间固定为 2 μs和 6 μs；第二组试验中，固定电压和电流分别为 160 V 和 0.2 A，脉冲为 0.5 μs、1 μs、2 μs，脉间从 0.5 μs 到 25 μs 不等。

由于微细孔不易观察到孔壁的表面状态，本研究采用图 5-22 所示的方法[16]，将两片试件紧紧相互接触，在试件的接合面中线处加工。完成后，将两片试件分开，即可观察到试件的剖面。为避免两试件交界处缝隙过大，需要对两片试件接触面进行研磨。加工结束后，将试件用丙酮进行清洗后，以扫描式电子显微镜(SEM)进行孔径测量后，可将两片试件分开，进行扩孔壁观察和孔深测量。

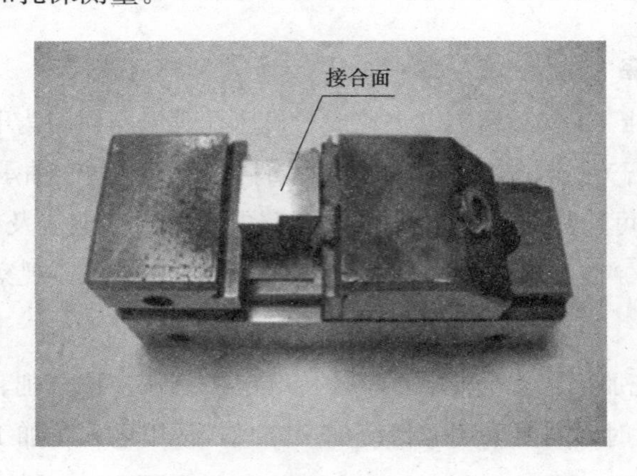

图 5-22　试件装夹方法

5.5.2　试验结果与讨论

将加工后的试件分开，利用丙酮洗净后通过 SEM 观察，可以看到加工后的剖面图。

表 5-11 和表 5-12 为不同放电参数加工得到的试件剖面和加工后的电极。微细电火花加工中，由于加工废屑排出有难度，会导致电极的底部边缘处产生积屑现象并开始产生磨损。这个现象造成孔底的形状会逐渐变成圆锥形，加上电极与孔壁之间会发生二次放电[17]，造成直径的再次增大，以致于孔壁加工效果降低。

表 5-11　不同电压和电流加工后剖面和电极形状

电流 电压	孔壁效果			电极形状		
	90 V	160 V	200 V	90 V	160 V	200 V
0.2 A			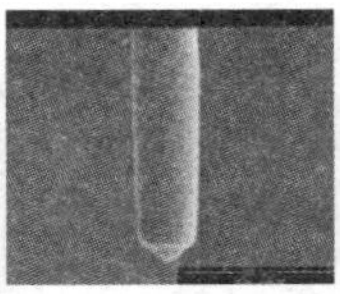			
0.5 A	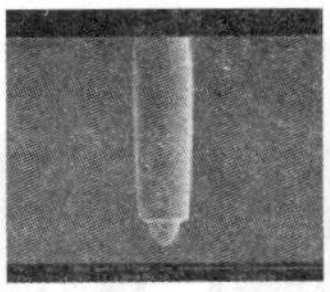	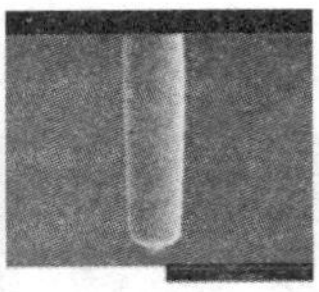	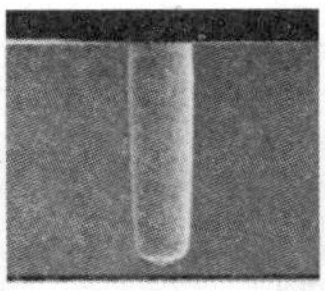			
1 A	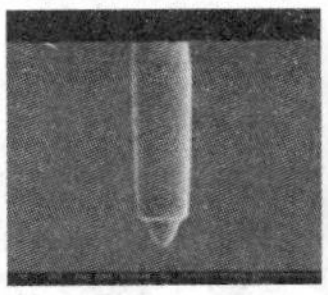	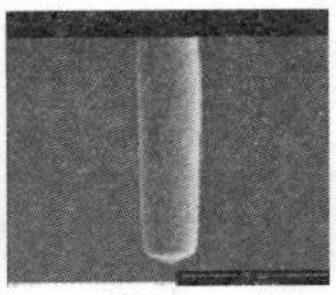	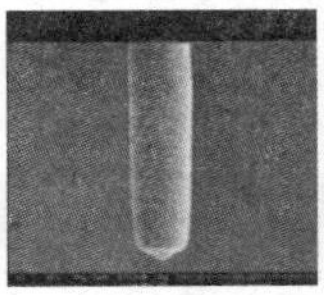			
1.5 A					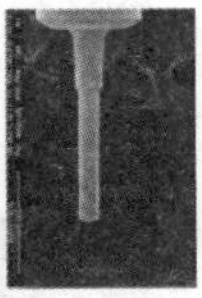	
2.0 A	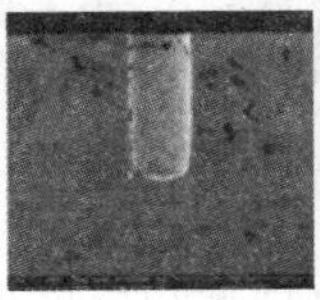	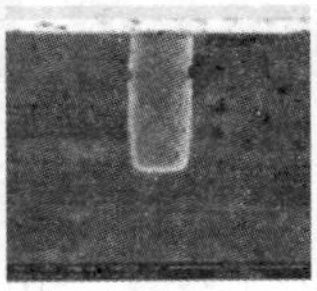		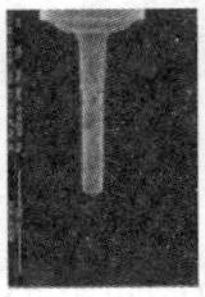	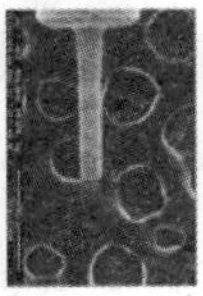	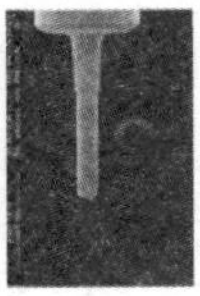
3.0 A	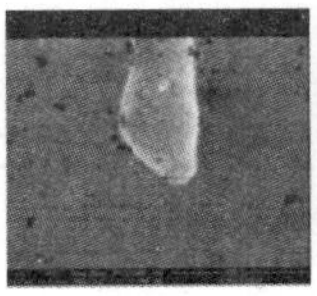	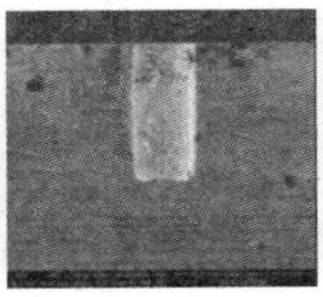				

表 5-12　不同脉冲和脉间加工后剖面和电极形状

脉间 脉冲	孔壁效果			电极形状		
	0.5 μs	1 μs	2 μs	0.5 μs	1 μs	2 μs
0.5 μs	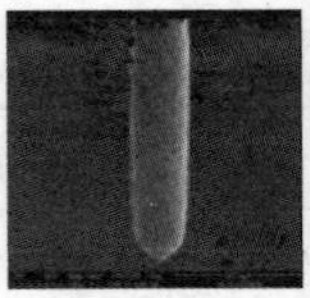	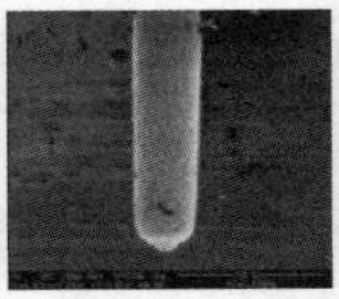	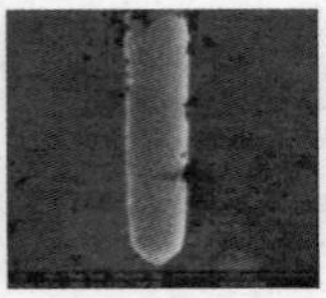			
3.0 μs	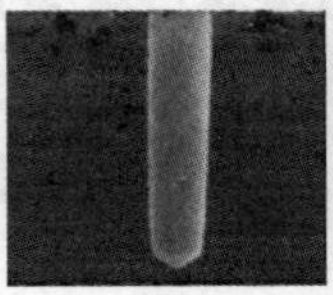	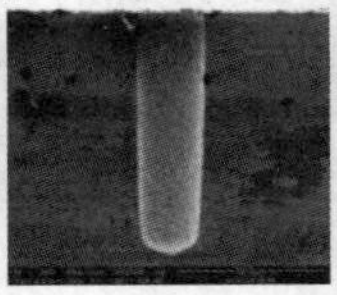	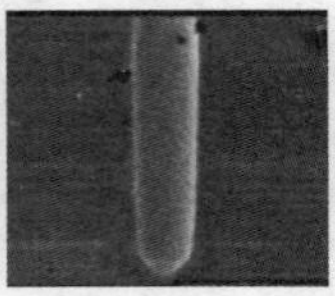	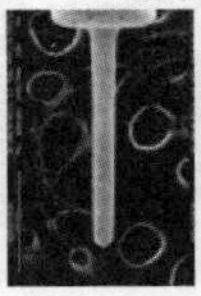	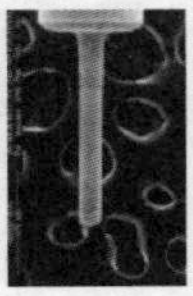	
6.0 μs	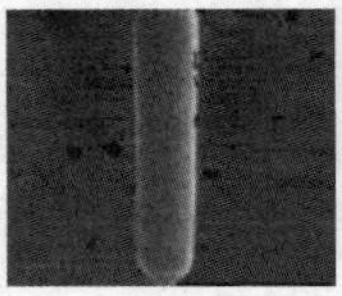	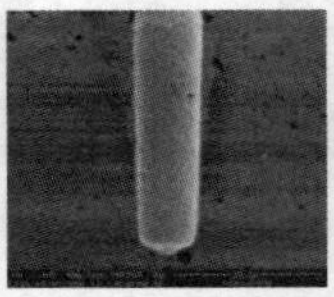	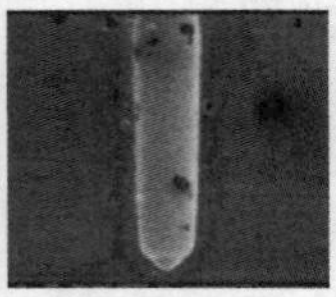		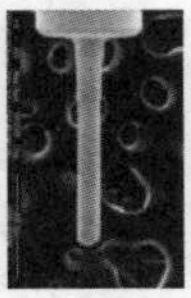	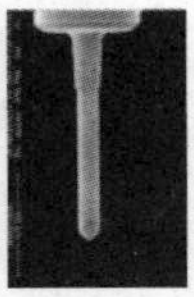
13 μs	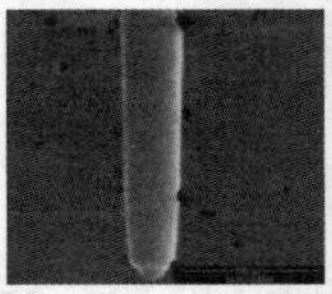	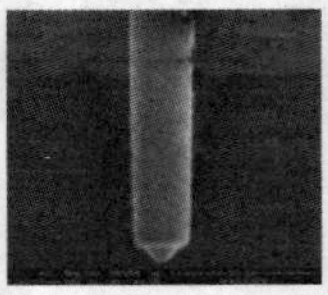	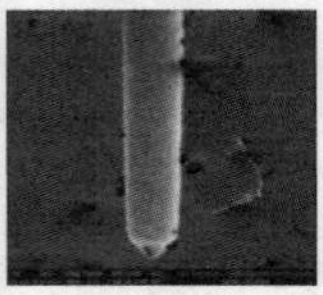		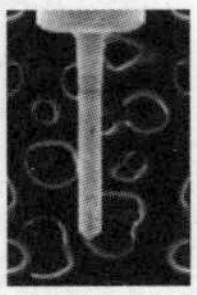	
25 μs			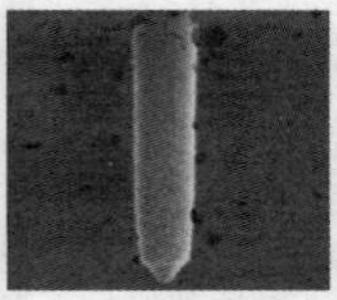		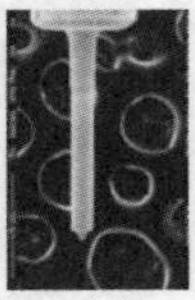	

图 5-23 与图 5-24 分别为不同电压与电流对加工深度、电极损耗长度的影响，可以看出在电流低于 1.5 A 时，电压为 90 V 的电极消耗比 160 V 与 200 V 时大，且加工深度较小。由于低电压时放电能量较小，加工到相同的深度所花的时间为 160 V 与 200 V 时的两倍以上，增大了电极损耗的可能性。当电流大于 1.5 A 时，由于单次放电时排放的加工屑变大，导致排屑不畅和二次放电的产生，并且电弧柱增大，会使得钻孔深度变小。

图 5-25 与图 5-26 分别为不同脉冲和脉间与加工深度、电极损耗长度的影响。从这两幅

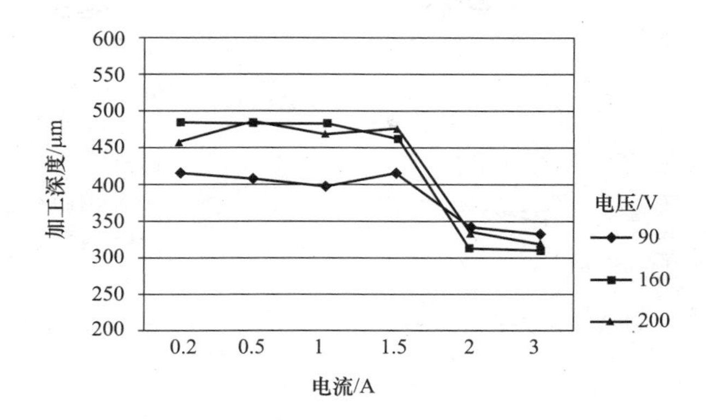

图 5-23　不同电压与电流对加工深度的影响

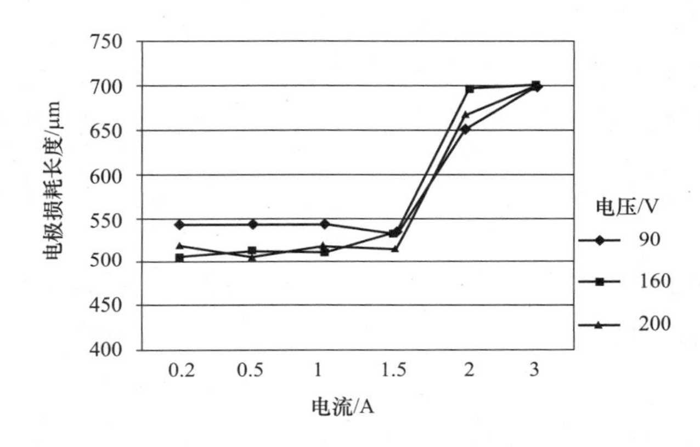

图 5-24　不同电压与电流对电极损耗长度的影响

图中可以看出，当脉冲从 1 μs 增加到 3 μs 时，电极损耗会越来越少。增加脉冲，电极因放电介质裂解而有碳附着在上面，积炭对电极产生了保护作用，而使得电极损耗减少，并使得实际加工深度有所提升；增加脉间，可有效降低电极损耗与提升加工深度，其原因为在微细电火花加工中，脉间的增加有助于排屑的进行，而减少二次放电的发生引起的电极损耗。

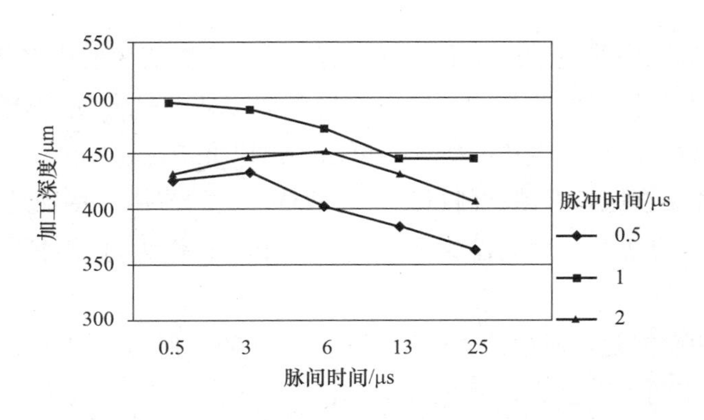

图 5-25　不同脉冲与脉间对加工深度的影响

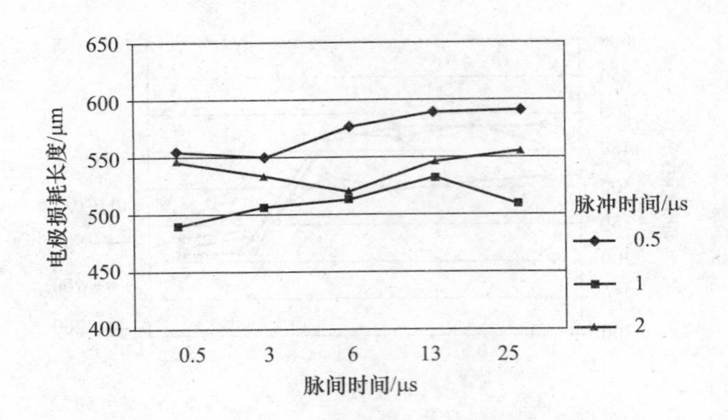

图 5-26　不同脉冲与脉间对电极损耗长度的影响

综上所述，为了提升加工深度与降低电极损耗，可通过增加电压和电流，提升单次放电能量，以及通过增加脉间，提升排屑能力。但是，提升放电能量会使得电极侧边放电加剧，影响孔壁加工效果，增加脉间容易因为加工时间过长造成孔底形状改变。

5.5.3　结论

在微细电火花加工中，虽然电极制作、加工条件与传统电火花有所不同，但是其加工过程和效果都可以通过改变放电参数控制。微细电火花加工，由于电极底部损耗，会使盲孔形状趋向尖锥形，这种情形在低放电电压与加工时间长时越加明显。试验中，电流增大会导致电极损耗加大、加工深度下降；同样的脉冲，增大脉间能降低扩孔量与电极损耗，但是脉间过大导致加工时间过长、加工效果降低。因此，电压 160 V、电流 1.5 A、脉冲 3 μs、脉间 2 μs 为最佳组合，可以实现较低电极损耗，获得较好的加工效果。

5.6　本章小结

本章对电火花加工中普遍采用的铜和石墨电极的加工性能和使用趋势进行了对比分析，研究了各加工参数对电极损耗的影响，针对电极侧面损耗和轴向损耗分别设计了具有针对性的电极损耗补偿策略。通过本章的研究，可以得出以下结论：

(1)在电火花加工领域，石墨材料得到了越来越广泛的应用，特别是在大电流不含碳材料的加工中，选择熔点更高、耐高温性能更优的石墨材料作为电极材料，能够有效降低电极损耗。

(2)针对电极侧面损耗，通过计算分析各加工尺寸的几何关系得出了相邻电极轨迹间凸起高度与轨迹重叠率的关系公式，通过调整电极运动轨迹之间的轨迹重叠率，实现了电极侧面损耗的补偿。

(3)针对电极轴向损耗，为了保证各种不同工件加工形貌的加工精度，设计了多种具有针对性的电极轴向损耗补偿策略。针对加工轨迹路径容易计算的简单沟槽等规整几何形状的加工，设计了基于加工路径的补偿策略；针对单层加工面积较小的型腔加工，设计了基于分层对刀的补偿策略；针对大平面的加工，设计了基于定时对刀的补偿策略；针对具有大量非放电空刀的曲面加工，设计了基于有效放电时间统计的定时对刀补偿策略；针对加工形貌比较复杂的工件，设计了基于有效放电时间统计的定时对刀与预测补偿相结合的补偿策略。

(4)本书所提出的基于有效放电时间统计的定时对刀与预测补偿相结合的电极轴向损耗补偿策略，既通过预测补偿减少了对刀次数，节约了对刀时间，又通过间歇定时对刀保证了补偿精度，在保证加工精度的同时，减少了对刀过程对加工效率的影响，显著提高加工效率。

(5)以研磨法加工的微细 KG5 碳化钨电极为研究对象，通过试验研究放电参数对电极损耗的影响，通过改变电压、电流、脉冲和脉间参数，探讨电极损耗大小、加工深度和加工效果。结果表明，降低电压和电流、提高脉冲和脉间能减少电极损耗，但是会影响加工时长和加工效果。综合分析，电压 160 V、电流 1.5 A、脉冲 3 μs、脉间 2 μs 为最佳组合，可以实现较低电极损耗，获得较好的加工效果。

参考文献

[1]Li L Q，HaoJ P，Deng Y F，et al. Study of Dry EDM Milling Integrated with ElectrodeWear Compensation and Finishing[J]. Materials and Manufacturing Processes，2013，28(4)：403—407.

[2]Yu Z Y，M asuzawa T，Fujino M. Micro-EDM for Three-Di mensional Cavities-Development of Uniform Wear Method[J]. CIRP Annals-Manufacturing Technology，1998，47(1)：169—172.

[3]Yu H L，Luan J J，Li J Z，et al. A new electrode wear compensation method for improving performance in 3D micro EDM milling[J]. Journal of Micromechanics and Microengineering，2010，20(5)：055011.

[4]Zhang L，Jia Z，Liu W，et al. A study of electrode compensation model improvement in micro-electrical discharge machining milling based on large monolayer thickness[J]. Proceedings of the Institution of Mechanical Engineers，Part B：Journal of Engineering M anufacture，2012，226(5)：789—802.

[5]Kojima A，Natsu W，Kunieda M. Spectroscopic measurement of arc plasma diameter in EDM[J]. CIRP Annals-Manufacturing Technology，2008，57(1)：203—207.

[6] Qu C，Natsu W，Kunieda M. Clarification of EDM Phenomena by Spectroscopic Analysis[J]. Journal of Advanced Mechanical Design Systems and Manufacturing，2012，6(6)：908—915.
[7]Hinduja S，Kunieda M. Modelling of ECM and EDM processes[J]. CIRP Annals-Manufacturing Technology，2013，62(2)：775—797.
[8]Mohri N，Suzuki M，Furuya M，et al. Electrode Wear Process in Electrical Discharge Machinings[J]. CIRP Annals-Manufacturing Technology，1995，44(1)：165—168.
[9]Mohd Abbas N，Solomon D G，Fuad Bahari M. A review on current research trends in electrical discharge machining(EDM)[J]. International Journal of Machine Tools and Manufacture，2007，47(7—8)：1214—1228.
[10] Tsai H C，Yan B H，Huang F Y. EDM performance of Cr/Cu-based composite electrodes[J]. International Journal of Machine Tools and Manufacture，2013，43(3)：245—252.
[11]Khanra A K，Sarkar B R，Bhattacharya B，et al. Performance of ZrB2-Cu composite as an EDM electrode [J]. Journal of Materials Processing Technology，2014，183(1)：122—126.
[12]郭红桥，曹明让．电火花加工中减小电极损耗的方法和试验研究[J]. 现代制造工程，2014(09)：85—89.
[13]都金光，秦功敬，马军，等．电火花成形加工 Inconel 718 电极损耗及材料去除率研究[J]. 机械设计与制造，2017(11)：191—194.
[14]刘龙，乔建，屈小军，等．碳化钨-镍铝复合材料的放电等离子体原位烧结制备与抗腐蚀性能研究[J]. 河南科学，2020，38(6)：879—885.
[15]欧阳波仪．基于灰色关联分析的电火花加工不锈钢小孔工艺参数优化[J]. 现代制造工程，2015(10)：83—87.
[16]欧阳波仪．微细电火花加工参数对加工孔径影响的试验研究[J]. 模具制造，2014，14(9)：70—72.
[17]欧阳波仪．微细电火花加工技术研究[M]. 北京：北京航空航天大学出版社，2017.